JIYU BIM JISHU DE

GONGCHENG ZAOJIA GUANLI

基于 BIM 技术的
工程造价管理

沈坚 著

中国水利水电出版社
www.waterpub.com.cn
·北京·

内 容 提 要

本书通过 BIM 技术在建设项目各阶段编制工程造价中的应用，详细介绍了现有的 BIM 技术和工程造价编制之间的关联关系，帮助工程行业技术人员理解 BIM 技术在工程造价编制中的实际应用方法。

本书适合在校大学生及工程管理方面的技术人员阅读，可作为 BIM 技术和实际工程造价管理结合应用的指导性书籍。

图书在版编目（CIP）数据

基于BIM技术的工程造价管理 / 沈坚著. -- 北京：中国水利水电出版社，2022.12
ISBN 978-7-5226-1153-2

Ⅰ．①基… Ⅱ．①沈… Ⅲ．①建筑造价管理－计算机辅助设计－应用软件 Ⅳ．①TU723.3-39

中国版本图书馆CIP数据核字(2022)第241110号

书　　名	**基于 BIM 技术的工程造价管理** JIYU BIM JISHU DE GONGCHENG ZAOJIA GUANLI
作　　者	沈坚 著
出版发行	中国水利水电出版社 （北京市海淀区玉渊潭南路 1 号 D 座　100038） 网址：www.waterpub.com.cn E-mail：sales@mwr.gov.cn 电话：(010) 68545888（营销中心）
经　　售	北京科水图书销售有限公司 电话：(010) 68545874、63202643 全国各地新华书店和相关出版物销售网点
排　　版	北京时代澄宇科技有限公司
印　　刷	北京博海升彩色印刷有限公司
规　　格	184mm×260mm　16 开本　8.75 印张　206 千字
版　　次	2022 年 12 月第 1 版　2022 年 12 月第 1 次印刷
定　　价	**58.00** 元

凡购买我社图书，如有缺页、倒页、脱页的，本社营销中心负责调换

BIM 技术的应用提高了建筑业的信息化程度，开启了建筑行业从二维图纸走向三维模型的新时代，具有其他技术不能比拟的很多优势，给工程造价咨询行业带来了巨大的方便，有利于解决行业目前存在的各种问题。现有工程造价咨询行业人员必须重视 BIM 技术的应用并具有相应的 BIM 技能，方能适应建筑市场的竞争，推动行业的发展。

BIM 技术在造价方面的应用主要有以下几方面。

在工程决策阶段的造价咨询。基于 BIM 技术辅助造价咨询可以极大地提升项目造价分析效率。造价咨询方在决策阶段可以根据咨询委托方提供不同的项目方案建立初步的建筑信息模型，建立 BIM 数据模型，把可视化技术、虚拟建造等功能结合起来，协助项目建设单位的决策。

在工程设计阶段的造价咨询。造价咨询方利用 BIM 模型对造价数据进行测算，不仅可以提高测算的准确度，还可以提高测算的精度。依靠企业 BIM 数据库可以累计企业完成的所有咨询项目的历史指标，包括不同部位钢筋含量、混凝土含量、不同大类不同区域的造价等指标。基于 BIM 的设计概算能实时模拟和计算项目造价，出具的计算结果能被后续阶段的工作所利用，让项目的各参与方在设计阶段能够开展协同工作，轻松预知项目建设进度和所需资金，使项目各阶段、各专业较好地连接。

在工程交易阶段的造价咨询。造价咨询方可以根据有详细数据信息的 BIM 模型，通过数据导入和参数设置快速精确地计算工程量，形成精准的招标工程量清单，有利于编制准确的招标控制造价，减少因清单漏项、错算而给投标单位带来投机取巧的机会，为建设单位提高项目招标工作的效率和准确性，并为后续的工程造价咨询和控制提供基础数据，帮助建设单位实现利益最大化。

在工程施工阶段的造价咨询。造价咨询方以发包、承包双方签订的合同价作为施工阶段造价控制的目标值，通过进度款计量审核、工程变更审核管理等咨询工作，有效地控制造价，协助委托方实现投资控制目标。BIM 可以把时间和进度与模型实时关联，依据所涉及的时间段（如月度、季度），结合现场的实际施工进度，利用软件可以自动对该时间段内容的工程量汇总进行统计，并形成进度造价文件，支持业主方的工程进度计量和支付工作。同时，利用 BIM 技术通过各参建方共同参与，进行多次的碰撞检查和图纸审核，尽可能地从源头减少变更。

因此，相比传统工程造价管理而言，BIM 技术的应用可谓是对工程造价的一次颠覆性革命，可以全面提升工程造价行业的效率与信息化管理水平，优化管理流程。工程造价管理核心转变为全过程造价控制，减少了烦琐的工程量计算，BIM 技术对造价行业具有极大的推动作用。同时，BIM 技术对工程造价人员的能力与素质提出了更高的要求，对于建筑工程全面管理具有积极意义。

本书以现行行业 BIM 最新标准为依据，通过对 BIM 技术在造价管理各阶段的造价管理方法的介绍，让造价人员充分了解和掌握如何将 BIM 技术应用于工程项目的造价管理实践当中，使读者能快速有效掌握书中所讲述的理论知识，并应用到工作实践中。本书图文并茂，通俗易懂，适宜工程项目造价人员阅读。

本书的出版得到浙江省自然科学基金（公益技术研究计划）资助，项目编号为 LGG20G010001。在本书的编写过程中，杭州良忆创社信息科技有限公司、广联达科技股份有限公司和福建晨曦信息科技集团股份有限公司提供了案例资料，在此一并致以诚挚的感谢！

由于编者水平有限，加之时间仓促，书中难免有不妥之处，恳请广大读者批评指正。

作者

2021 年 10 月

第1章 概　　述

1.1　BIM 的特点及价值分析

1.1.1　BIM 的定义

我国 2017 年 7 月 1 日起实施的《建筑信息模型应用统一标准》（GB/T 51212—2016）将建筑信息模型（Building Information Modeling，BIM；Building Information Model，BIM）定义为：在建设工程及设施全生命期内，对其物理和功能特性进行数字化表达，并依此设计、施工、运营的过程和结果的总称。

美国建筑科学研究院在《国家建筑信息模型标准》（National Building Information Model Standard，NBIMS）中对广义 BIM 的含义作了阐释：BIM 包含了三层含义，第一层是作为产品的 BIM，即指设施的数字化表示；第二层是指作为协同过程的 BIM；第三层是作为设施全生命周期管理方式的 BIM。国际标准组织设施信息委员会（Facilities Information Council）将 BIM 定义为："BIM 是利用开放的行业标准，对设施的物理和功能特性及其相关的项目生命周期信息进行数字化形式的表达，从而为项目决策提供支持，有利于更好地实现项目的价值。"在其补充说明中强调，BIM 将所有的相关方面集成在一个连贯有序的数据组织中，相关的应用软件在被许可的情况下可以获取、修改或增加数据。

1.1.2　BIM 的特点

相比二维平面图，BIM 形成的三维模型具有可视化、参数化、模拟性等多方面的优势。BIM 的本质是利用三维数字模型将建筑工程中的信息不断集成，成为建筑信息管理的手段和模式。BIM 模型可以应用于建筑全生命周期的管理中。建筑全生命周期管理是指建筑对象从规划到设计、施工、运营、翻新乃至拆除全过程中各个阶段的管理。由于 BIM 本质是一个三维的信息模型的数据集成体，具有以下 8 个方面的特点。

1. 可视化

可视化即通常说的"所见即所得"，即建筑及构件和周围环境条件，包括设备、材料的施工过程和建造过程都可以用三维方式直观呈现，成为一个可以看到的虚拟建筑，同时也是一个可以看到的建造过程。原有二维图纸状态是需要相关参与者自行想象的抽象表达，BIM 的可视化能够反映构件之间的互动性和关联性，不仅可以展示效果，还能够生成各阶段过程记录，特别是在建筑、施工及管理工作越来越复杂的情况下，这种可视化的特点，会给各级管理者和工程建设参与者带来多种便利，同时，整个项目全生命周期中有关建筑的活动，在具备网络传输条件的情况下，都可以实现远程可视化的管理和监督。

2. 参数化

参数化是指通过参数来建立模型和分析模型，只要改变模型中的参数值就能建立和分析新的模型。BIM 中参数化图元以构件的形式出现，这些构件之间的不同是通过参数的调整反映出来的，参数保存了图元作为数字化建筑构件的所有信息。同时，通过参数修改，可以通过自动关联部分反映出来，但系统本身能够维护所有的不变参数，使设计能够符合已有约束确定的工程关系和几何关系，体现设计意图。由此可见，参数化的特性可以大大提高模型的生成和修改速度。

3. 模拟性

模拟性是指在工程项目通过虚拟建造实现各种模拟，在不同的项目管理阶段，可以发挥不同的作用。

在设计阶段，相关技术人员将建筑信息模型和环境等信息导入各种建筑性能分析软件，借助这些已有的规则设置，可以按照要求自动完成性能分析过程，形成所需的分析结果。建筑性能模拟分析主要包括能耗分析、日照分析、紧急疏散分析等内容。

在招投标及施工阶段，相关技术人员可进行重点和难点部位施工方案的模拟，审核施工工艺过程，优化施工方案，验证可施工性，从而提高施工的质量和效率，保障施工方案的安全性。施工模拟还包括 4D～5D（进度、造价等）模拟、施工现场布置方案的模拟等，可以提高施工组织管理水平，降低成本。

在运营维护阶段，相关技术人员可以对日常紧急情况处理方式进行模拟，确定突遇地震及火灾等情况时人员逃生及疏散的线路等。

4. 协调性

协调性是工程全过程建设管理工作的重要内容，也是日常的难点问题，它不仅包括各参与方内部的协调、各参与方之间的协调，还包括数据标准的协调和专业之间的协调。借助 BIM 的实时交互性（修改均有记录），在一个项目的虚拟建造过程中，通过软件自动完成碰撞检查，可以大大减少矛盾和冲突的产生，这是 BIM 最重要的特点，也是在实践中发挥广泛作用的价值体现。

5. 优化性

优化性是全过程工程管理中必不可少的一个环节，一个项目的建设过程就是一个需要不断优化的过程，没有全面、完整、准确、及时的信息，就不能在一定时间内作出判断并合理地优化方案。BIM 不仅可以解决信息本身的问题，还具有自动关联功能、计算功能，可最大限度地缩短过程时间，持续向有利于相关方自身需求方案的方向发展。

6. 完备性

信息的完备性体现在，应用 BIM 技术可对工程对象进行三维几何信息和拓扑关系的描述以及完整的工程信息描述。信息的完备性使得 BIM 模型具有良好的应用条件，支持可视化、优化分析、模拟仿真等功能的实现。

7. 可出图性

运用 BIM 技术，除了能够进行建筑任意位置的平面图、立面图、剖面图及大样详图的输出外，还可以在碰撞检查报告的基础上，输出经优化的综合管线图、综合结构留洞图（预埋套管图）、构件加工图等。

8. 一体化性

几何信息与材料、结构、性能信息等设计阶段信息，建造过程信息和运行维护管理信息，对象与对象之间、对象与环境之间的关系信息，由不同参与方建立提取、修改与完善，将支撑对项目全生命周期的管理，这是 BIM 技术未来能全面推广应用的主要发展方向。

1.1.3　BIM 的价值

工程建设中 BIM 技术的综合应用在分阶段进行的同时，项目参与方不同，其应用点与价值有不同的侧重。

（1）对业主方来说，可以通过可视化，直观地看到建筑各个角度的模样，还可以模拟各种运行效果，实现事先的方案优化，同时能够及时通过各种数据交互和积累，做到对项目的建设过程及时掌控和监管。

与二维展示那种靠专业知识抽象想象完全不同，三维立体可视化展示不仅是视觉上的革命，更是认知上的解放。它不需要抽象地设想建筑产品或建造过程，利用模型就可以直观地获得"虚拟建筑"和"虚拟建造"的效果。同时，建好的 BIM 模型可以作为二次渲染开发的模型基础，大大提高了三维渲染效果的精度与效率，完全可以给业主方以真实感和直观的视觉效果，同时还可以很方便地用于各种平行方案的论证，分析提高方案的效果和感染力。BIM 的三维展示作用是非常重要的价值，其自身及结合 GIS、VR、AR 技术的应用还有待于不断挖掘和扩展。

（2）对设计师来说，利用 BIM 技术，有两个明显可以改变的方面。一方面，体现在方案的性能分析上，设计师在设计过程中创建的虚拟建筑模型已经包含了大量的设计信息，只要将模型导入相关性能化分析软件，就可以得到相应的分析结果，修改方案不再费时费力；另一方面，由于设计师专业领域限制，会造成不同专业设计之间的"冲突"，利用 BIM 软件的碰撞检查功能，可以很容易发现问题。

在二维图纸的状态下，任何分析软件都必须手工输入相关数据后才能开展分析计算。操作和使用这些软件需要专业技术人员完成，如果设计方案一旦调整，就需要做经常性的耗时耗力的重复录入或者校核工作，导致包括建筑能量分析在内的建筑物理性能化分析，通常被安排在设计的最终阶段，成为一种象征性工作，从而使建筑设计与性能分析计算之间严重脱节。在有效的 BIM 模型条件下，设计师在设计过程中已经完成了包含大量设计信息（几何信息、材料性能信息、构件属性信息等）的模型构件，只要将模型直接导入相关性能分析软件，就可以得到相应的分析结果，修改过程只要在模型中加以修改，更新模型后再导入相关软件就可以实现方案的调整，原本需要专业人员花费大量时间输入大量专业数据的过程，如今可以轻松完成，从而大大降低了性能分析的周期，提高了设计方案的质量，同时也使设计公司能够为业主提供更专业的服务。

有了 BIM 软件的辅助，可以打破原有的专业划分，设计院原有的专业分工（建筑、结构、暖通、水电等），设计师之间主要靠二维平面图传递信息，有了 BIM 软件可以及时发现不同专业设计之间的"冲突"，调整各种参数，快速有效地做出优化处理。

（3）对施工方来说，利用 BIM 软件，将三维可视化功能加上时间维度，可以进行虚拟施工，可随时随地、直观快速地将施工计划与实际进展进行对比，还可以利用 BIM 软件事先由技术人员做施工技术的可视化演示，进行虚拟现场的施工指导。

通常所说的协同，是指设计阶段各专业之间的协同、建造阶段各参与方之间的协同、运行维护阶段物业管理部门与厂商及相关方的协同，还包括全生命周期的协同。传统方式在全生命周期过程中，由于建造特点的限制，各阶段割裂，各参与方独立，形成过程性和结果性的"信息孤岛"。每个阶段的完成，均会产生信息衰减，从而影响建造过程以及最终结果。而 BIM 可以作为连接中心枢纽，使各方随时传递和交流项目信息，同时能够把传递和交流的情况保留下来，支撑各参与方在完整、即时的信息条件和沟通条件下工作，建立起保障生产及工作品质的基础。

虚拟施工可随时随地将施工计划与实际进展进行对比，同时进行有效协同，施工、监理方甚至非工程行业出身的业主等都会对工程项目的各种问题和情况了如指掌。这样 BIM 技术结合施工方案、施工模拟和现场视频监测，可大大减少建筑质量问题、安全问题，减少返工和整改等一系列麻烦。

BIM 模型与数字化建造系统相结合，建筑行业可实现建筑施工流程的自动化。建筑中的许多构件可以异地加工，然后运到建筑施工现场，装配到建筑中（如门窗、预制混凝土结构和钢结构等构件）。应用数字化建造技术可以自动完成建筑物构件的预制，这些利用工厂精密机械技术制造出来的构件不仅降低了建造误差，而且可大幅度提高构件制造的生产率，使得建筑的建造工期缩短并且容易掌控。

（4）对各方的信息利用管理者来说，BIM 模型是一个富含工程信息的数据库，只要数据平台搭建好，各环节的管理人员（监理、造价等）都可以各取所需。

在借助 CAD 进行辅助设计的条件下，项目参与者所面临的是海量独立、分散的设计文件；BIM 模型是一个有关产品规格和性能特征等的数据集合库，项目参与者利用计算机，按照相关的维护规则，可以随时查阅最新的、完整的实时数据。

对造价人员来说，BIM 是一个富含各类工程信息的数据库，可以真实地提供包括造价在内的项目管理需要的工程量信息。借助这些信息，计算机可以对各种构件进行快速统计分析，大大减少烦琐的人工操作和潜在错误，实现工程量信息与设计方案的完全一致。通过 BIM 获得的准确工程量可以用于前期设计过程中的成本估算、在业主预算范围内不同设计方案的比选，以及施工开始前的工程量预算，过程中的变更以及施工完成后的工程量结（决）算，可大大减少资源、物流和仓储环节的浪费，为实现限额领料、消耗控制提供技术支撑。

对后续的运营管理者来说，BIM 不仅是建筑物的模型，还是包含了各类规则的管理模型。对运营人员来说，BIM 模型是一种实时模型，它可以利用最先进的信息设备来随时获取建筑物内外信息。这些信息不仅包括建筑物的构件、设备设施等信息，还可以包括不断追踪与检测流动人群、流动设施、温度、湿度等的动态信息。

1.2　BIM 的应用现状分析

1.2.1　BIM 对土木工程行业的影响

土木工程生产过程的本质是面向物质和信息的协作过程，项目组织的决策和实施过程的质量直接依赖于项目信息的可用性、可访问性及可交互性。以 BIM 为代表的信息技术的不断发展，对工程项目的管理产生了巨大影响，为工程项目管理提供了强大的管理工具和手段，可以极大地提高工程项目的管理效率，提升工程项目管理的水平。

BIM 的核心技术是参数化建模技术，不仅是对建筑设施的数字化、智能化表示，更是对工程项目的规划设计、施工和运营等一系列活动进行分析管理的动态过程。它不能简单地被理解为一种工具，它体现了建筑业广泛变革的人类活动，这种变革既包括了工具的变革，也包含了生产过程及组织的变革。BIM 是政策、流程和技术的一系列相互作用下，用于工程项目全生命周期项目数据数字化管理的方法，是工程建设过程中通过应用多学科、多专业和集成化的信息模型，准确反映和控制项目建设的过程，使项目建设目标能更好地实现。随着 BIM 技术的不断发展，广义的 BIM 已经超越了最初的产品模型的界限，被认同是应用模型来进行建设和管理的思想和方法，这也正是 BIM 应用的本质所在，这些新的思想和方法将引领整个建筑生产过程的变革。

1. BIM 代表了一种新的思维方式和工作方式

BIM 不仅指几种建筑软件的应用，它的应用是对传统的以图纸为信息交流媒介的生产方式的颠覆。BIM 不仅是一种工具，而且也是一个过程。作为一种工具，它可以使项目各参与方共同创建、分析共享和集成模型；作为一个过程，通过建立模型来加强项目组织之间的协作，并使他们从模型的应用中受益。

CAD 技术将手工绘图推向计算机辅助制图，但这种技术只是分散掌握在各阶段工程师手中，相关的环节没有关联起来，就不能形成整体的综合应用价值。

BIM 作为一种信息技术、一种工作手段和方法、一种管理行为，可以集合建筑物全生命周期的建设数据，推动管理的集成化和集约化。因而，BIM 作为一种完全的信息集合和传递技术，它代表了一种新的思维方式和工作方式。

2. BIM 是数据库技术在建筑行业的深入应用

过去，建筑设计人员一直使用二维绘图或实物模型的方法，辅之以设计说明、相关产品和建造技术、管理标准等，向项目决策者和最终使用者传递他们的设计和构思。但这些技术文件数量非常庞大，把握项目的总体情况以及某种显著特征就成为所有项目参与方都会面临的挑战，包括业主方、设计方以及施工方。同时，建设过程的动态性，又进一步加大了各种信息之间传递沟通的难度。

参考其他行业（如航空、汽车）的发展经验，将所有设计内容变革为产品实体和功能特征的数字化数据库而不是单独的文件，会极大地促进行业发展。这个数据库作为中央储存库，内容是完全真实与实时的，是进行可靠周全决策的基础，同时所有相关人员可以共享项目的数据文件，不再会发生信息传递过程中的遗漏和失真。在这个过程中，设计文件依然存在，但是过程性结果会按需求和特定的目的从数据库中产生。

通过 BIM 软件形成的数据库，体现出了项目全部要素的"智能构件"，以数字方式"建造"而成。因此，它们可以作为一个整体看待，用以鉴别"冲突"（建筑、结构和水暖电系统间的几何学冲突）。这些冲突可以通过虚拟方式加以解决，从而可避免在实际操作中遇到这种问题。同时，一旦置于 BIM 环境下，它会自动将自身信息加载至所有的平面图、立面图、剖面图、详图、明细表、工程量估计、预算、立体渲染、维护计划等。此外，随着设计的变化，构件能够对自身参数进行调整以适应新的构思与意图，这为项目团队成员与其技术工具间进行顺畅的信息交换建立了通道，提高了效率，也形成了更加协调的设计和施工氛围。此外，业主可得到一份该项目的"数字化备份"，可用于今后的建筑物运营和维护。

3. BIM 的价值需要结合建设程序来实现

我国现有的建设程序和国外是不同的，项目立项、可行性研究、设计、施工等各阶段是分别由不同部门参与的，在各个阶段都可以运用 BIM 技术，或多或少会对现有的工作状态产生一些积极的影响；同时，不同的项目参与方，包括业主（用户）、工程咨询服务（监理、造价）方、承包商（供应商）、物业管理单位等，甚至包括银行及房屋修缮、改造、拆除单位，都可以在与 BIM 相关信息的沟通中按照相关约定修改并获取所需要的数据和信息，创造服务功能需求的价值。BIM 是一个在集成数据管理系统下应用于设施全生命周期的数字化模型，它包含的信息可以是图形信息，也可以是非图形信息。

BIM 是一种用于设计、施工、管理的方法，运用这种方法可以及时并持久地获得高质量、可靠性好、集成度高、协作充分的项目信息。BIM 是建设过程中唯一的知识库，它包括图形信息、非图形信息、标准、进度及其他信息，用以实现减少差错、缩短工期的目标。BIM 是一个功能强大的、综合了模型和分析功能的工具，并拥有一体化、合作性的程序利用这一技术，建筑业实现了彻底的变革。随着这些工具和程序的不断推广使用，人们可不断开发新方法，提高生产效率，以充分利用 BIM 的强大功能，更好地实施项目。

1.2.2　BIM 对造价行业的影响

1. 提高基础数据的准确性

造价管理的基础数据主要就是工程量、材料价格和各种政策法规的影响。就工程量来说，理论上讲，从工程图纸上得出的工程量是一个唯一确定的数值，然而由于各自的专业知识水平所限，不同的造价人员对图纸的理解不同，最后会得到不同的数据。利用 BIM 技术计算工程量的方式是运用三维图形算量软件自动计算工程量，只需要定义的构件边界就可以自动计算。这样不仅可以减少造价人员对经验的依赖，同时利用 BIM 模型可使工程量的计算更加准确真实，大大减少了造价人员的计算量，极大地提高了工程量的准确性。

材料价格和政策法规，则可以通过 BIM 技术的数据采集方式，实时更新，而不再是依赖各级造价管理部门不定期采集的不能代表整体水平的市场信息价，这些基础数据的获取，都将为造价管理的基础数据来源提供更加可靠的途径，简化造价人员烦琐的工作，从而提高数据利用效率，进而提高造价管理水平。

2. 及时积累更新数据，为项目各阶段管理提供有效支撑

在没有数字化资料的情况下，项目结束后，除了存档的一些最终数据，所有过程中的数据要么分散在各单位电脑里，或者堆积在仓库，也可能不知去向，如果再遇到类似项目，要参考这些数据，很多就是凭经验了。众所周知，历史工程的造价指标、含量指标，对今后项目工程的估算和审核具有非常大的参考价值，造价咨询单位视这些数据为企业核心竞争力。利用 BIM 技术，就可以对相关指标进行详细、准确的分析和提取，并且形成电子文件资料，方便保存和后续的查找共享。

利用 BIM 技术数据库的特性，可以赋予模型内的构件各种参数信息，如时间、材质、施工班组、位置、工序等信息，利用这些信息可以把模型中的构件根据不同需求进行合理的组合并汇总，可以为项目做多算对比提供有效支撑。

就工程结算而言，长期以来，比较麻烦的问题就是核对工程量，尤其对单价合同而言，在单价确定的情况下，工程量对合同价的影响甚大，因此核对工程量就显得尤为重要。钢筋、模板、混凝土、脚手架等在工程中大量采用的材料，都是造价工程师核对工作中的要点，需要耗费大量的时间和精力。BIM 技术引入后，承包商利用 BIM 模型对该施工阶段的工程量进行一定的修改及深化，并将其包含在竣工资料里提交给业主，经过设计单位的审核之后，作为竣工图的一个主要组成部分，再转交给咨询公司进行竣工结算，施工单位和咨询公司基于同一个 BIM 模型导出的工程量必然是一致的。这就意味着，承包商在提交竣工模型的同时就相当于提交了工程量，设计单位在审核模型的同时就已经审核了工程量。也就是说，只要是项目的参与人员，无论是咨询单位、设计单位，还是施工单位，或者是业主，所有获得这个 BIM 模型的人，得到的工程量都是一样的，从而大大提高了工程结算的效率。

3. 合理安排资源，控制变更，加快项目进度

遇到设计变更，传统方法是依靠手工先在图纸上确认位置，然后计算设计变更引起的各项工程量的增减情况，同时还要调整与之相关联的构件。这样的过程不仅缓慢，耗费时间长，而且可靠性也难以保证。利用 BIM 技术，可以把设计变更内容关联到模型中，只要把模型稍加调整，相关的工程量变化就会自动反映出来，甚至可以把设计变更引起的造价变化直接反馈给设计人员，使他们能清楚地了解设计方案的变化对成本的影响。

现有的设计师在设计过程中，各专业间（如结构、建筑、暖通等专业）是在结构平面图基础上独立地进行设计，这样难免会有各专业的设备管道以及结构构件之间的冲突，特别是对大且复杂的项目而言，单靠空间想象力是无法解决的。利用 BIM 技术进行碰撞检查，可以直接形象地从信息模型中发现空间位置冲突等问题，这是在二维 CAD 图中无法做到的。BIM 模型可以直观地将各个建筑构件及专业的管道空间立体地展示出来，在实际施工之前就可以优化解决这类碰撞问题，提高设计质量，施工中因设计失误产生的变更、拆卸、返工等问题就迎刃而解了。

建筑工程周期长，涉及人员多、单位多，管理复杂，如果没有充分合理的资源进程计划，很容易导致工期延误，甚至发生质量和安全事故。利用 BIM 技术提供的数据资源，可以合理安排资金计划、人工计划、材料计划和机械计划，在 BIM 模型中所获得的工程量可以赋予多种信息，这样就可以通过 BIM 技术中的信息处理手段，知道任意时间段中各项工作量是多少，进而可以知道任意时间段造价是多少，根据这些制订资金计划，同时，还可以根据任意时间段的工程量，分析出所需要的人工、材料、机械数量，合理安排工作。

4. 增加造价管理的手段，提高核心竞争力

传统的造价管理，由于信息之间关联不畅，很多经验的积累成为造价人员的"制胜法宝"，BIM 技术将给造价行业带来变革，经验积累将逐渐被数据积累代替，造价管理人员必须提升自身的能力，把造价工作从简单的算量套价中脱离出来，做更有价值的全面造价管理工作。

造价人员必须要掌握一些软件很难取代的知识，比如精通清单定额规则、熟练使用项目管理手段等，BIM 技术将成为提高造价人员专业能力的好帮手，BIM 技术的引入和普及发展，要求造价管理人员对整个项目全面理解（如全过程造价管理、项目管理），精通合同、施工技术、法律法规等，掌握这些能显著提高造价人员核心竞争力的专业能力，将会为造价人员带来更好的职业发展前景。

BIM 技术，将帮助工程造价管理进入实时、动态、准确分析时代。有利于建设单位、施工单位、咨询企业的造价管理能力大幅增强，节约投资。同时，可以促进整个建筑业的透明度，以往基于"关系"的竞争将快速转向基于"能力"的竞争，产业集中度提升加快，契合国家低碳建造的政策导向。

1.3　BIM 在未来的主要应用

BIM 的出现将引发整个工程建设领域的第二次数字革命。BIM 不仅带来了现有技术的进步和更新换代，也间接影响了生产组织模式和管理方式，并将更长远地影响人们思维模式的转变。

BIM 技术的核心是通过在计算机中建立虚拟的建筑工程三维模型，同时利用数字化技术为这个模型提供完整的、与实际情况一致的建筑工程信息库。该信息库不仅包含描述建筑物物件的几何信息、专业属性及状态信息，还包含非构件对象（例如空间、运动行为）的信息。借助这个富含建筑工程信息的三维模型，建筑工程的信息集成化程度将大大提高，从而为建筑工程项目的相关利益方提供一个工程信息交换和共享的平台。结合更多的数字化技术，BIM 模型中包含的工程信息还可以被用于模拟建筑物在真实世界中的状态和变化，使得建筑物在建成之前，相关利益方就能对整个工程项目的成败作出完整的分析和评估。如果将 BIM 放在全生命周期视角下，就我国现阶段的应用来分析，BIM 可以有下述 15 种主要的应用。

1. BIM 模型维护

根据项目建设进度建立和维护 BIM 模型，实质是使用 BIM 平台汇总各项目团队所有的建筑工程信息，消除项目中的信息"孤岛"，并将得到的信息结合三维模型进行整理和储存，以备项目全过程中各相关利益方随时共享。

由于 BIM 的用途决定了 BIM 模型细节的精度，现有的一些不成熟的做法，将模型根据需要做成一种阶段性的模型，比如设计模型、进度模型、成本模型等。而且这些模型往往由相关的设计单位或者施工单位根据各自工作范围单独建立，最后需要通过统一的标准合成。这种做法将增加对 BIM 建模标准、版本管理、数据安全的管理难度，因此，由业主委托独立的 BIM 服务商，按照统一标准，统一规划设计、施工和管理在整个工程项目的 BIM 应用，确保得到一个完整的 BIM 模型，实现各项信息的准确、时效和安全，才是最佳选择。

2. 场地分析

场地分析影响建筑物定位的主要因素是，需要确定建筑物的空间方位和外观，建立建筑物与周围景观联系的过程。在规划阶段，场地的地貌、植被、气候条件都是影响设计决策的重要因素，往往需要通过场地分析来对景观规划、环境现状、施工配套及建成后交通流量等各种影响因素进行评价及分析。传统的场地分析存在诸如定量分析不足、主观因素过重、无法处理大量数据信息等弊端，通过 BIM 结合地理信息系统（Geographic Information System，GIS）对场地及拟建的建筑物空间数据进行建模。通过 BIM 及 GIS 软件的强大功能，迅速得出令人信服的分析结果，帮助项目在规划阶段评估场地的使用条件和特点，从而作出新建项目最理想的场地规划、交通流线组织关系、建筑布局等关键决策。

3. 方案论证

在建筑规划阶段，BIM 技术能够通过对空间进行分析来帮助项目团队理解复杂空间的标准和法规，从而节省时间，提供使团队获得更多增值活动的可能。特别是在客户讨论需求、选择以及分析最佳方案时，能借助 BIM 技术及相关分析数据，作出关键性决定。BIM 在建筑策划阶段的应用成果，还会帮助建筑师在建筑设计阶段随时查看初步设计是否符合业主的要求、是否满足建筑策划阶段得到的设计依据，通过 BIM 连贯的信息传递或追溯，从而大大减少详图设计阶段发现不合格而需要修改设计的巨大浪费。

在方案论证阶段，项目投资方可以使用 BIM 来评估设计方案的布局、照明、安全、人体工程学、声学等规范的遵守情况。BIM 甚至可以做到建筑局部的细节推敲，迅速分析设计和施工中可能需要应对的问题。在方案论证阶段，还可以借助 BIM 提供方便的、低成本的不同解决方案供项目投资方进行选择，通过数据对比和模拟分析，找出不同解决方案的优缺点，帮助项目投资方迅速评估建筑投资方案的成本和时间。

对设计师来说，通过 BIM 来评估所设计的空间，可以获得较高的互动效应，以便从使用者和业主处获得积极的反馈。设计的实时修改往往基于最终用户的反馈，在 BIM 平台下，项目各方关注的焦点问题比较容易得到直观的展现并迅速达成共识，从而大大减少决策的时间。

4. 可视化设计

三维可视化设计软件有效地弥合了业主及最终用户因缺乏对传统建筑图纸的理解能力而造成的和设计师之间的交流鸿沟，但这些软件在设计理念和功能上的局限，使得这样的三维可视化展现不论用于前期方案推敲还是用于阶段性的效果图展示，与真正的设计方案都存在相当大的差距。

现阶段对于设计师而言，大量的设计工作还是要基于传统的 CAD 平台，使用平面、立面、剖面等三视图的方式表达和展现自己的设计成果。这种由工具原因造成的信息割裂，在遇到项目复杂、工期紧张的情况下，非常容易出错。BIM 的出现使得设计师不仅拥有了三维可视化的设计工具，更重要的是通过工具的提升，使设计师能使用三维的方式来完成建筑设计，同时也使业主及最终用户真正摆脱技术壁垒的限制，随时知道自己的投资能获得什么。

5. 协同设计

协同设计是在建筑业环境发生深刻变化、建筑的传统设计方式必须得到改变的背景下出现的，也是数字化建筑设计技术与快速发展的网络技术相结合的产物，它可以使分布在不同地理位置的不同专业的设计人员通过网络的协同展开设计工作。现有的协同设计主要是基于 CAD 平台，并不能充分实现专业间的信息交流，这是因为 CAD 的通用文件格式仅仅是对图形的描述，无法加载附加信息，从而导致专业间的数据不具有关联性。

BIM 的出现使协同已经不再是简单的文件参照。BIM 技术为协同设计提供底层支撑，可大幅提升协同设计的技术含量，借助 BIM 的技术优势，协同的范畴也从单纯的设计阶段扩展到建筑全生命周期，需要规划、设计、施工、运营等各方的集体参与，因此具备了更广泛的意义，从而带来了综合效益的大幅提升。

6. 性能化分析

利用计算机进行建筑物理性能化分析始于 20 世纪 60 年代甚至更早，早已形成成熟的理论，并开发出了丰富的工具软件。但是在 CAD 时代，无论什么样的分析软件都必须通过手工方式输入相关数据才能开展分析计算，而操作和使用这些软件需要对专业技术人员经过培训才能完成，同时，由于设计方案的调整，原本就耗时耗力的数据录入工作需要经常性地重复录入或者校核，导致包括建筑能耗分析在内的建筑物理性能化分析通常被安排在设计的最终阶段，成为一种象征性的工作，造成建筑设计与性能化分析计算之间严重脱节。

利用 BIM 技术，建筑师在设计过程中创建的虚拟建筑模型已经包含大量的设计信息（几何信息、材料性能、构件属性等），只要将模型导入相关的性能化分析软件，就可以得到相应的分析结果，原本需要花费大量时间输入大量专业数据的过程，如今可以自动完成，大大降低了性能化分析的周期，提高了设计质量，同时也使设计公司能够为业主提供更专业的技能和服务。

7. 工程量统计

由于 CAD 无法存储可以让计算机自动计算工程项目构件的必要信息，所以需要依靠人工根据图纸或者 CAD 文件进行测量和统计，或者使用专门的造价计算软件根据图纸或者 CAD 文件重新进行建模后由计算机自动进行统计。前者不仅需要消耗大量的人力，而且比较容易出现手工计算带来的差错；而后者同样需要不断地根据调整后的设计方案及时更新模型，如果滞后，得到的工程量统计数据就会失效。

BIM 是一个富含工程信息的数据库，可以真实地提供造价管理需要的工程量信息。借助这些信息，计算机可以快速对各种构件进行统计分析，大大减少烦琐的人工操作和潜在错误，非常容易实现工程量信息与设计方案的完全一致。通过 BIM 获得准确的工程量统计，可以用于前期设计过程中的成本估算、在业主预算范围内不同设计方案的探索或者不同设计方案建造成本的比较，以及施工开始前的工程量预算和施工完成后的工程量决算。

8. 管线综合

随着建筑物规模和使用功能、复杂程度的增加，设计企业、施工企业，甚至是业主，对机电管线综合的要求日益强烈。在 CAD 时代，设计企业主要由建筑或者机电专业牵头，将所有图纸打印成硫酸图，然后各专业将图纸叠在一起进行管线综合。二维图纸信息以及直观交流平台的缺失，导致管线综合成为建筑施工前让业主最不放心的技术环节。利用 BIM 技术，通过搭建各专业的 BIM 模型，设计师能够在虚拟的三维环境下方便地发现设计中的碰撞冲突，从而大大提高管线综合的设计能力和工作效率。这不仅能及时排除项目施工阶段可能遇到的碰撞冲突，还能显著减少由此产生的变更，更大大提高了施工现场的生产效率，降低了由施工协调造成的成本增加和工期延误等问题发生的概率。

9. 施工模拟

施工模拟包括施工进度模拟和施工组织模拟。

建筑施工是一个高度动态的过程，随着建筑工程的规模不断扩大、复杂程度不断提高，施工项目管理变得极为复杂。当前建筑工程项目管理中经常用于表示进度计划的甘特图，由于专业性强、可视化程度低，无法清晰描述施工进度以及各种复杂关系，故难以准确表达工程施工的动态变化过程。

通过将BIM与施工进度计划相对应，将空间信息与时间信息整合在一个可视的4D（3D＋时间）模型中，可以直观、精确地反映整个建筑的施工过程。4D施工模拟技术可以在项目建造过程中合理制订施工计划、精确掌握施工进度、优化使用施工资源，以及科学地进行场地布置，对整个工程的施工进度、资源和质量进行统一管理和控制，以缩短工期、降低成本、提高质量。此外，借助4D模型，施工企业在工程项目投标中将获得竞标优势，BIM可以协助评标专家从4D模型中很快了解投标人对投标项目主要施工的控制方法和施工安排是否均衡、总体计划是否合理等，从而对投标人的施工经验和实力作出更准确的评估。

施工组织是对施工活动实行科学管理的重要手段，它决定了各阶段的施工准备工作内容，协调了施工过程中各施工单位、各施工工种、各项资源之间的相互关系。通过BIM可以对项目的重点或难点部分进行可建性模拟，按月、日、时进行施工安装方案的分析优化。对于一些重要的施工环节或采用新施工工艺的关键部位、施工现场平面布置等施工指导措施进行模拟和分析，以提高计划的可行性；也可以利用BIM技术结合施工组织计划进行预演，以提高复杂建筑体系的可造性（例如施工模板、玻璃装配、锚固等）。

借助BIM对施工组织的模拟，项目管理方能够非常直观了解整个施工安装环节的时间节点和安装工序，并清晰地把握安装过程中的难点和要点；施工方也可以进一步对原有安装方案进行优化和改善，以提高施工效率和施工方案的安全性。

10. 数字化建造

飞机、汽车等制造行业生产效率高，其中部分原因是利用数字化数据模型实现了制造方法的自动化。同样，BIM结合数字化制造也能够提高建筑行业的生产效率。通过BIM与数字化建造系统的结合，建筑行业也可以采用类似的方法来实现建筑施工流程的自动化。建筑中的许多构件（例如门窗、预制混凝土结构和钢结构等）可以异地加工，然后运到建筑施工现场，并装配到建筑中。通过数字化建造，可以自动完成建筑物构件的预制，这些通过工厂精密机械技术制造出的构件不仅降低了建造误差，而且大幅度提高了构件制造的生产率，从而缩短了建筑的建造工期并且使其容易掌控。

BIM模型直接用于制造环节，还可以在制造商与设计人员之间形成一种自然的反馈循环，即在建筑设计流程中提前考虑尽可能多地实现数字化建造。同样，与参与竞标的制造商共享构件模型也有助于缩短招标周期，便于制造商根据设计要求的构件用量编制更为统一的投标文件。同时，标准化构件之间的协调也有助于减少现场问题的发生，以降低不断上升的建造、安装成本。

11. 物料跟踪

随着建筑行业标准化、工厂化、数字化水平的提升，以及建筑使用设备复杂性的提高，越来越多的建筑及设备构件通过工厂加工并运送到施工现场进行高效的组装。而这些建筑构件及设备是否能够及时运到现场、是否满足设计要求、质量是否合格，将成为影响整个建筑施工建造过程中施工计划关键路径的重要环节。

在 BIM 出现以前，建筑行业往往借助较为成熟的物流行业的管理经验及技术方案来实现对物料的跟踪管理，例如利用 RFID（无线射频识别技术）电子标签。通过 RFID，可以把建筑物内各个设备构件贴上标签，但 RFID 本身无法进一步获取物料更详细的信息（如生产日期、生产厂家、构件尺寸等），而 BIM 模型恰好详细记录了建筑物及构件和设备的所有信息。此外，BIM 模型作为一个建筑物的多维度数据库，并不擅长记录各种构件的状态信息，而基于 RFID 技术的物流管理信息系统，对物料的过程信息都有非常好的数据库记录和管理功能，这样 BIM 与 RFID 正好互补，从而可以有效降低建筑行业对日益增长的物料跟踪带来的管理压力。

12. 竣工模型交付

建筑工程作为一个系统建造过程的产品，在施工完成后准备投入使用时，需要对其进行必要的测试和调整，以确保它确实按照当初的设计来正常运营。在项目完成后的移交环节，物业管理部门需要得到的不仅是常规的设计图纸、竣工图纸，还需要有能正确反映实际的设备状态、材料安装使用情况等与运营维护相关的文档和资料，即带有相关信息的完整的竣工模型。

13. 资产运营维护管理

在建筑物使用生命期间，建筑物结构设施（如墙、楼板、屋顶等）和设备设施（如设备管道等）都需要得到不断的维护。一个成功的维护方案不仅可以提高建筑物的性能，还可以降低能耗和修理费用，进而降低总体维护成本。

BIM 模型结合运营维护管理系统，可以充分发挥空间定位和数据记录的优势，合理制订维护计划，分配专人专项维护工作，以降低建筑物在使用过程中出现突发状况的概率。对一些重要设备，还可以跟踪维护工作的历史记录，以便对设备的适用状态提前作出判断。

一套有序的资产管理系统将有效提升建筑资产或设施的管理水平，但由于建筑施工和运营的信息割裂，这些资产信息需要在运营初期依赖大量的人工操作来录入，而且很容易出现数据录入错误。BIM 中包含的大量建筑信息能够顺利导入资产管理系统，大大减少系统初始化在数据准备方面的时间及人力投入。此外，传统的资产管理系统无法准确定位资产位置，通过 BIM 结合 RFID 的资产标签芯片，可以实现资产在建筑物中的定位及相关参数信息的快速查询，使参数信息一目了然。

空间管理是业主为节省空间成本、有效利用空间、为最终用户提供良好工作生活环境而对建筑空间所做的管理。BIM 不仅可以有效管理建筑设施及资产等资源，也可以帮助管理团队记录空间的使用情况，处理最终用户要求空间变更的请求，分析现有空间的使用情况，合理分配建筑物空间，确保空间资源的利用率最大化。

14. 建筑系统分析

建筑系统分析是对照业主使用需求及设计规定来衡量建筑物性能的过程，包括机械系统如何操作和建筑物能耗分析、内外部气流模拟、照明分析、人流分析等涉及建筑物性能的评估。BIM 结合专业的建筑物系统分析软件，避免了重复建立模型和采集系统参数。通过 BIM 可以验证建筑物是否按照特定的设计规定和可持续标准来建造，通过这些分析模拟，最终确定、修改系统参数甚至系统改造计划，以提高整个建筑物的性能。

15. 灾害应急模拟

用 BIM 及相应灾害分析模拟软件，可以在灾害发生前，模拟灾害发生的过程，分析灾害发生的原因，制订避免灾害发生的措施，以及发生灾害后人员疏散、救援支持的应急预案。

当灾害发生后，BIM 可以提供救援人员紧急状况点的完整信息，这将有效提高突发状况的应对措施水平。此外，楼宇自动化系统能及时获取建筑物及设备的状态信息，通过 BIM 和楼宇自动化系统的结合，BIM 能清晰地呈现出建筑物内部紧急状况的位置，甚至分析出到紧急状况点最合适的路线，救援人员可以由此做出正确的现场处置，提高应急行动的成效。

第2章 BIM技术的发展状况

2.1 BIM技术的政策与标准

随着互联网技术和电脑软硬件技术的发展，BIM技术在全球不少地区迅速发展，多个国家和地区正在大力推广和使用BIM技术。在BIM技术发展过程中，很多国家和地区都制定了相关的政策和标准，以推动BIM技术的发展。

分析我国工程管理的现状，与其他行业相比，建筑工程规模庞大，生产周期长，必须由多个参与方协作完成，但是和其他行业相比，信息化程度是偏低的。2011年，中华人民共和国住房和城乡建设部（简称"住房和城乡建设部"）发布了《2011—2015年建筑业信息化发展纲要》，第一次将BIM纳入信息化标准建设内容，此后各地陆续出台了很多鼓励发展BIM技术发展应用的政策。我国虽然发展BIM技术时间不长，但近年来已相继出台了部分BIM国家标准，基本形成了BIM标准体系。

2.1.1 国外BIM政策与标准

一项新技术的推动，离不开国家政策的导向和相关标准的制定。BIM技术发源于美国，美国最早开始制定具体的政策，随后英国、新加坡、韩国、日本及北欧四国陆续制定了一些强制执行的政策和配套的标准，推动了BIM技术在全世界的应用。

1. 美国

2003年，为了提高建筑领域的生产效率，提高建筑行业信息化水平，美国总务署（General Service Administration，GSA）负责美国所有联邦设施的建造和运营，率先推出了国家3D—4D—BIM计划，鼓励所有GSA负责的项目采用3D—4D—BIM技术，并给予不同程度的资金资助，要求应用开放标准的软、硬件系统，构成BIM应用的基础环境。

美国陆军工程兵团（the U. S. Army Corps of Engineers，USACE）隶属于美国联邦政府和美国军队，是世界上最大的公共工程设计和建筑管理机构，2006年10月初USACE发布了为期15年的BIM发展路线规划，要求采用和实施BIM技术制订战略规划，以提高规划、设计和施工的质量和效率。

Building SMART联盟（building SMART alliance，bSa）是美国建筑科学研究院（National Institue of Building Scienc，NIBS）下属的在信息资源和技术领域的专业委员会，成立于2007年。bSa致力于BIM的推广与研究，使所有项目参与者在项目全生命周期都能共享准确的项目信息。BIM通过收集和共享项目信息与数据，可以有效地节约成本、减少浪费。

BIM技术用词源于美国，美国在BIM相关标准的制定方面具有一定的先进性。早在2004年，美国就开始以IFC标准为基础编制国家BIM标准；2007年，美国发布了第一版国家 BIM 标准——NBIMS（National Building Information Model Standard）Version1，
这是美国第一个完整的具有指导性和规范性的 BIM 标准。2012 年 5 月，美国第二版国家
BIM 标准正式公布，对第一版中的 BIM 参考标准、信息交换标准指南和应用进行了大量
补充和修订。此后，美国又发布了第三版 NBIMS 标准，在第二版的基础上增加了模块内
容，引入了二维 CAD 美国国家标准，并在内容上进行了扩展，包括信息交换、参考标准、
标准实践部分的案例和词汇表、术语表。第三版有一个创新之处，即增强了标准的可达性
和可判断性，给出了 BIM 应用程度的评判方法，列举了 11 个评判的维度。

2. 英国

英国政府对 BIM 技术进行强制推行，2011 年 5 月，英国内阁办公室发布了《政府建
设战略》（Government Construction Strategy），其中明确要求，到 2016 年，政府要求全
面协同的 3D-BIM，并将全部的工程文件以信息化管理，实现数据的全面协同。

英国的设计公司在 BIM 实施方面是相当领先的，因为伦敦有众多全球领先设计企业
的总部，也有很多领先设计企业的欧洲总部。在这些背景下，一个政府发布的强制使用
BIM 的文件可以得到有效执行。

这使得英国 BIM 标准的发展较为迅速，英国在 2009 年正式发布了系列标准 AEC
(UK) BIM Standands。该系列标准主要由五部分组成，包括项目执行标准、协同工作标
准、模型标准、二维出图标准、参考。但是此系列 BIM 标准存在一定不足之处，它们的
对象仅仅是设计企业，而不包括业主方和施工方。它是一部 BIM 通用标准，可为建筑行
业从 CAD 模式向 BIM 模式转变提供方便与依据。之后，英国政府又分别于 2011 年 6 月
和 2011 年 9 月发布了基于 Revit 和 Bentley 平台的 BIM 标准。

3. 新加坡

新加坡负责建筑业管理的国家机构是建筑管理署（Building and Construction Authori-
ty，BCA）。在 BIM 这一术语引进之前，新加坡当局就注意到信息技术对建筑业的重要作
用。2011 年，BCA 发布了新加坡 BIM 发展路线规划，规划明确推动整个建筑业在 2015
年前广泛使用 BIM 技术。为了实现这一目标，BCA 分析了面临的挑战，并制定了相关
策略。

在创造需求方面，新加坡决定政府部门必须带头在所有新建项目中明确提出 BIM 需
求。2011 年，BCA 与一些政府部门合作确立了示范项目。BCA 将强制要求提交建筑 BIM
模型（2013 年起）、结构与机电 BIM 模型（2014 年起），并且最终在 2015 年前实现所有
建筑面积大于 5000m^2 的项目都必须提交 BIM 模型的目标。

在建立 BIM 能力与产量方面，BCA 鼓励新加坡的大学开设 BIM 的课程，为毕业学生
组织密集的 BIM 培训课程，为行业专业人士建立了 BIM 专业学位。

4. 韩国

韩国多个政府部门都致力于制定 BIM 的标准，例如韩国公共采购服务中心（Public
Procurement Service，PPS）。PPS 是韩国所有政府采购服务的执行部门。2010 年 4 月，
PPS 发布了 BIM 路线图，内容包括：2010 年，在 1~2 个大型工程项目应用 BIM；2011
年，在 3~4 个大型工程项目应用 BIM；2012—2015 年，超过 50 亿韩元的大型工程项目
都采用 4D-BIM 技术（3D+成本管理）；2016 年前，全部公共工程应用 BIM 技术。2010

年 12 月，PPS 发布了《设施管理 BIM 应用指南》，针对方案设计、施工图设计、施工等阶段中的 BIM 应用进行指导，并在后期对其进行更新。

2010 年 1 月，韩国国土交通海洋部发布了《建筑领域 BIM 应用指南》。该指南为开发商、建筑师和工程师在申请四大行政部门、16 个都市以及 6 个公共机构的项目时，提供采用 BIM 技术时必须注意的方法及要素的指导。

韩国对 BIM 技术标准的制定工作十分重视，多家政府机构致力于 BIM 应用标准的制定，如韩国国土交通海洋部、韩国公共采购服务中心、韩国教育科学技术部等。韩国的 BIM 标准以建筑领域和土木领域为主。韩国于 2010 年发布了 *Architectural BIM Guideline of Korea*，用来指导业主、施工方、设计师对于 BIM 技术的具体实施。该标准主要分为四部分：业务指南、技术指南、管理指南和应用指南。

5. 日本

日本软件业较为发达，在建筑信息技术方面也拥有较多的国产软件，日本 BIM 相关软件厂商认识到，BIM 需要多个软件来互相配合，而数据集成是基本前提，因此多家日本 BIM 软件商成立了日本国产解决方案软件联盟。

2012 年 7 月，日本建筑学会（Japanese Inetitute of Architects，JIA）正式发布了 *JIA BIM Guideline*，涵盖了技术标准、业务标准、管理标准三个模块。该标准对 BIM 团队的组织机构、人员配置、BIM 技术应用、模型规则、交付标准、质量控制等作了详细指导。

6. 北欧四国

北欧四国包括挪威、丹麦、瑞典和芬兰，是一些主要的建筑业信息技术的软件厂商所在地，如 Tekla 和 Solibri，而且对发源于邻近国匈牙利的 ArchiCAD 的使用率也很高。

北欧四国政府强制要求使用 BIM，由于当地气候的要求以及先进建筑信息技术软件的推动，BIM 技术的发展主要是企业的自觉行为。如一家芬兰国有企业 Senate Properties，是荷兰最大的物业资产管理公司，自 2007 年 10 月 1 日起，Senate Properties 的项目强制要求建筑设计部分使用 BIM，其他设计部分可根据项目情况自行决定是否采用 BIM 技术，但目标将是全面使用 BIM。该公司提出，在设计招标将有强制的 BIM 要求，这些 BIM 要求将成为项目合同的一部分，具有法律约束力；建议在项目协作时，建模任务需创建通用的视图，需要准确的定义；需要提交最终 BIM 模型，且建筑结构与模型内部的碰撞需要进行存档。

2.1.2 我国现有 BIM 政策与标准

1. BIM 政策

2011 年，住房和城乡建设部发布了《2011—2015 年建筑业信息化发展纲要》，第一次将 BIM 纳入信息化标准建设内容；2016 年，住房和城乡建设部发布了《2016—2020 年建筑业信息化发展纲要》，BIM 为"十三五"建筑业重点推广的五大信息技术之首；进入 2017 年，国家和地方加大 BIM 政策与标准落地，在住房和城乡建设部政策的引导下，我国各地区也在加快推进 BIM 技术在本地区的发展与应用。表 2.1 列出了我国已有的国家级 BIM 政策。

表 2.1　我国已有的国家级 BIM 政策一览

部门	发布时间	文件名称（文件号）	政策要点
住房和城乡建设部	2011 年 5 月	《2011—2015 年建筑业信息化发展纲要》（建质〔2011〕67 号）	"十二五"期间，基本实现建筑企业信息系统的普及应用，加快建筑信息模型（BIM）、基于网络的协同工作等新技术在工程中的应用，推动《发展纲要》信息化标准建设，促进具有自主知识产权软件的产业化，形成一批信息技术应用达到国际先进水平的建筑企业
住房和城乡建设部	2014 年 7 月	《关于推进建筑业发展和改革的若干意见》（建市〔2014〕92 号）	推进建筑信息模型（BIM）等信息技术在工程设计、施工和运行维护全过程中的应用，提高综合效益，推广建筑工程减隔震技术，探索开展白图代替蓝图、数字化审图等工作
住房和城乡建设部	2015 年 6 月	《关于推进建筑信息模型应用的指导意见》（建质函〔2015〕159 号）	建筑行业甲级勘察、设计单位以及特级、一级房屋建筑工程施工企业应掌握并实现 BIM 与企业管理系统和其他信息技术一体化集成应用
国务院	2017 年 2 月	《关于促进建筑业持续健康发展的意见》（国办发〔2017〕19 号）	加快推进建筑信息模型（BIM）技术在规划勘察、设计、施工和运营维护全过程中的集成应用
交通运输部	2017 年 2 月	《推进智慧交通发展行动计划（2017—2020 年）》（交办规划〔2017〕11 号）	在基础设施智能化方面，推进建筑信息模型（BIM）技术在重大交通基础设施项目规划、设计、建设、施工、运营、检测维护管理全生命周期中的应用
住房和城乡建设部	2017 年 3 月	《"十三五"装配式建筑行动方案》（建科〔2017〕77 号）	建立适合 BIM 技术应用的装配式建筑工程管理模式，推进 BIM 技术在装配式建筑规划、勘察、设计、生产、施工、装修、运行维护全过程中的集成应用
住房和城乡建设部	2017 年 5 月	《建设项目过程总承包管理规范》（GB/T 50358—2017）	采用 BIM 技术或者装配式技术的，招标文件中应当有明确要求；建设单位对承诺采用 BIM 技术或装配式技术的投标人应当适当设置加分条件
住房和城乡建设部	2017 年 8 月	《住房城乡建设科技创新"十三五"专项规划》（建科〔2017〕166 号）	发展智慧建造技术，普及和深化 BIM 应用，建立基于 BIM 的运营与监测平台，发展施工机器人、智能施工装备、3D 打印施工装备，促进建筑产业提质增效
住房和城乡建设部	2017 年 8 月	《工程造价事业"十三五"规划》（建标〔2017〕164 号）	大力推进 BIM 技术在工程造价事业中的应用
交通运输部	2018 年 3 月	《关于推进公路水运工程 BIM 技术应用的指导意见》（交办公路〔2017〕205 号）	围绕 BIM 技术发展和行业发展的需要，有序推进公路水运工程 BIM 技术的应用，在条件成熟的领域和专业中优先应用 BIM 技术，逐步实现 BIM 技术在公路水运工程中的广泛应用
住房和城乡建设部	2018 年 5 月	《城市轨道交通工程 BIM 应用指南》（建办质函〔2018〕274 号）	城市轨道交通应结合实际制订 BIM 发展规划，建立全生命技术标准与管理体系，开展示范应用，逐步普及并推广，推动各参建方共享多维 BIM 信息、实施工程管理

续表

部门	发布时间	文件名称（文件号）	政策要点
住房和城乡建设部	2019 年 3 月	《关于推进全过程工程咨询服务发展的指导意见》（发改投资规〔2019〕515 号）	大力开发和利用建筑信息模型（BIM）、大数据、物联网等现代信息技术和资源，努力提高信息化管理与应用水平，为开展全过程工程咨询业务提供保障
工业和信息化部	2020 年 9 月	《建材工业智能制造数字转型行动计划（2021—2023 年）》（工信厅原〔2020〕39 号）	加快新一代信息技术在建材工业中的推广应用，促进建材工业全产业链价值链与工业互联网深度融合，提升智能制造关键技术创新能力，实现生产方式和企业形态根本性变革，引领建材工业高质量发展

2. 国内 BIM 标准

我国在 BIM 技术方面的研究始于 2000 年左右，在此前后对 IFC 标准有了一定研究。"十一五"期间，我国出台了《建筑业信息化关键技术研究与应用》，将重大科技项目中 BIM 的应用作为研究重点。2007 年，中国建筑标准设计研究院参与编制了《建筑对象数字化定义》（JG/T 198—2007）。2009—2010 年，清华大学、Autodesk 公司、国家住宅工程中心等联合开展了"中国 BIM 标准框架研究"工作，同时参与了欧盟的合作项目。2010 年，我国参考 NBIMS，提出了中国建筑信息模型标准框架，"十二五"以来，我国各界对 BIM 技术的推广力度越来越大。

住房和城乡建设部于 2012 年和 2013 年共发布 6 项 BIM 国家标准制定项目。6 项标准包括 BIM 技术的统一标准 1 项、基础标准 2 项和执行标准 3 项。截至 2020 年，我国已颁布 1 项统一标准、1 项基础标准和 2 项执行标准：2016 年 12 月颁布《建筑信息模型应用统一标准》（GB/T 51212—2016），2017 年 7 月 1 日起实施，这是我国第一部 BIM 应用的工程建设标准；2017 年 5 月颁布《建筑信息模型施工应用标准》（GB/T 51235—2017），这是我国第一部建筑工程施工领域的 BIM 应用标准，2018 年 1 月 1 日起实施；2017 年 10 月 25 日颁布《建筑信息模型分类和编码标准》（GB/T 51269—2017），2018 年 5 月 1 日起实施；2018 年 12 月 2 日颁布《建筑信息模型设计交付标准》（GB/T 51301—2018），2019 年 6 月 1 日起实施。另外，还有几项 BIM 国家标准正在编制当中，包括《建筑信息模型存储标准》和《制造工业工程设计信息模型应用标准》等。

在国家级 BIM 标准不断推进的同时，地方 BIM 标准也纷纷开始研究和制定，如北京市地方标准《民用建筑信息模型设计标准》（DB11/T 1069—2014）等，同时还出台了一些细分领域标准，如门窗、幕墙等行业制定了相关 BIM 标准及规范，一些大型企业和大型项目为了自身的发展需要也纷纷制定 BIM 标准，制定企业内 BIM 技术实施导则。

理论上标准应当是实践经验的总结和提升，现阶段我国编制的 BIM 标准更多是参考国外的标准，缺少实践的检验。与国家和地方 BIM 标准相比，企业级和项目级的 BIM 标准更加关心 BIM 的落地应用，更加关注在组织架构、职责分工、软硬件配置、工作流程、交付成果等方面的应用要求。所以现阶段，企业级与项目级的标准可能会与国家级、地方级的标准有所不融合的地方，需要一定的时间来互相适应规范。

这些标准、规范、准则共同构成了完整的中国 BIM 标准序列，国家层面上的 BIM 标准疑具有统领性，有更高的效力和更强的指导性。但总体看，BIM 标准进程缓慢，已经滞后于 BIM 发展进程，成为制约 BIM 发展的关键因素之一，很大程度上和我国的基础建模软件开发没有跟上有关系。

部分国家级 BIM 标准见表 2.2。

表 2.2　部分国家级 BIM 标准

序号	颁发部门	实施时间	标准名称及编号	标准主要内容
1	住房和城乡建设部	2017 年 7 月	《建筑信息模型应用统一标准》（GB/T 51212—2016）	本标准的编制旨在为我国 BIM 标准的编制建立原则性框架，制定建筑信息模型的相关标准及应当遵守该标准的规定，在模型体系、数据互用、模型应用等方面进行了规定
2	住房和城乡建设部	2018 年 7 月	《建筑信息模型施工应用标准》（GB/T 51235—2017）	本标准面向施工阶段 BIM 应用，对施工阶段的深化设计、施工模拟、预制加工、进度管理、预算与成本管理、质量与安全管理、施工监理、竣工验收等 BIM 应用提出了模型的创建、应用和管理要求，可操作性强，对施工企业开展 BIM 应用具有实际指导作用
3	住房和城乡建设部	2018 年 5 月	《建筑信息模型分类和编码标准》（GB/T 51269—2017）	标准主要规范 BIM 数据交换和协同工作的命名和编码规则
4	住房和城乡建设部	2019 年 6 月	《建筑信息模型设计交付标准》（GB/T 51301—2018）	标准主要规范 BIM 数据交换和协同工作中，各阶段模型的传递标准
5	住房和城乡建设部	2018 年 12 月	《建筑工程设计信息模型制图标准》（JGJ/T 448—2018）	规范建筑工程设计的信息模型制图标准，提高工程各参与方识别设计信息和沟通协调的效率，适应工程建设的需要，适用于新建、扩建和改建的民用建筑及一般工业建筑设计的信息模型制图
6	住房和城乡建设部	2018 年 12 月	《建筑信息模型设计交付标准》（GB/T 51301—2018）	为规范建筑信息模型设计交付，提高建筑信息模型的应用水平，适用于建筑工程设计中应用建筑信息模型建立和交付设计信息，以及各参建方之间和参与方内部信息传递的过程
7	住房和城乡建设部	2019 年 5 月	《制造工业工程设计信息模型应用标准》（GB/T 51362—2019）	统一制造工业工程设计信息模型应用的技术要求，统筹管理工程规划、设计、施工与运维信息，建设数字化工厂，提升制造业工厂的技术水平
8	住房和城乡建设部	2019 年 12 月	《城镇供水管理信息系统基础信息分类与编码规则》（CJ/T 541—2019）	基于计算机软硬件、网络、地理信息等技术，管理城镇供水主管部门、城镇供水单位、城镇供水厂相关基础信息

2.2 我国现有的 BIM 技术体系

自 BIM 的概念提出以来，全球各软件厂商基于 BIM 的理念不断研发相关领域的软件工具及系统平台，以满足越来越复杂的工程需求。随着 BIM 在工程中的技术应用及管理应用越来越深入，BIM 软件的功能越来越丰富。随着 BIM 软件的发展，已经发展出一系列不同类型及功能的 BIM 软件，以满足工程中的不同需求。

2.2.1 BIM 软件体系

工程建设行业是一个流程复杂的行业，参与方众多，通常包括建设方、设计方、施工方、监理方及政府监管方。在工程项目中，各参与方的应用目标、应用模式有很大不同。在 BIM 的应用过程中，人们已经认识到没有一种软件可以覆盖建筑物全生命周期的所有应用。因此，必须形成 BIM 软件体系，不同软件共同配合，以满足不同参与方的工作要求。

在 BIM 应用过程中，要实现工程的目标，不能依靠一个单一软件。以民用建筑设计为例，设计院在完成设计时，通常涉及建筑、结构、给排水、暖通及电气五大专业的设计。以建筑专业完成建筑专业施工图纸工作为例，其除需要使用建筑专业的 BIM 建模软件创建筑专业模型外，还需要利用基于 BIM 模型的绿色建筑分析工具完成建筑日照及节能分析，用 BIM 的模型整合工具整合结构、给排水、暖通及电气专业的 BIM 模型，以形成完整的建筑空间；还需要利用基于 BIM 的展示软件，完成 VR（虚拟现实）展示、视频渲染输出等工作，以便与项目相关方进行可视化沟通。可见，要完成这一系列的工作，不能仅依靠单一的 BIM 软件。

随着 BIM 应用的发展，BIM 软件的功能越来越专业化，以方便在各环节应用。目前，已经形成了以模型创建软件为核心的众多 BIM 软件，可以根据各软件的主要功能对 BIM 软件类别进行划分。

根据 BIM 软件的主要应用特点对 BIM 软件进行分类是一种常见的分类方式。图 2.1 为常见的 BIM 软件功能划分方式。根据 BIM 软件的定位，BIM 软件从内到外划分为 5 个主要层次：模型创建软件、模型辅助软件、模型管理软件、项目级管理平台和企业级管理平台。

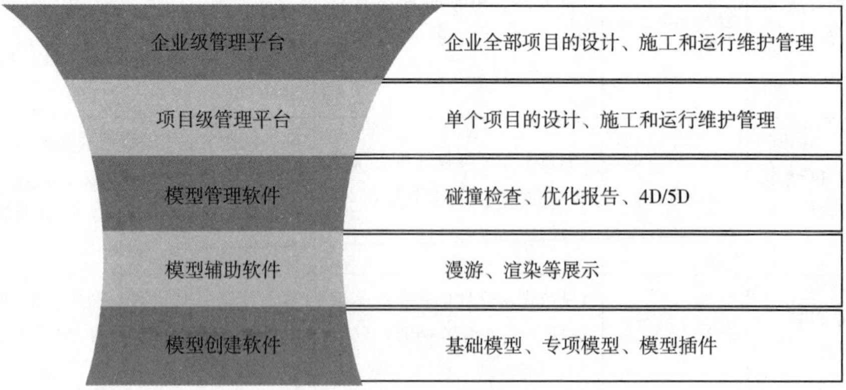

企业级管理平台	企业全部项目的设计、施工和运行维护管理
项目级管理平台	单个项目的设计、施工和运行维护管理
模型管理软件	碰撞检查、优化报告、4D/5D
模型辅助软件	漫游、渲染等展示
模型创建软件	基础模型、专项模型、模型插件

图 2.1 常见的 BIM 软件功能划分方式

1. 模型创建软件

BIM 技术中，模型是信息的载体，常见的 BIM 模型创建软件可以分为三类：第一类是基础建模软件，主要创建常规的基础模型；第二类是建模插件类软件，在基础模型开放式软件基础上开发的适合特殊要求的插件；第三类是专项建模软件，此类软件用于特殊构件的模型搭建。

（1）基础建模软件。基础建模软件是创建 BIM 模型的基础软件，主要用于创建 BIM 的基础模型，常见的有 Autodesk Revit 系列、Bentley Open Design 系列等国外的软件。国内这方面软件在近年有所突破，北京构力科技有限公司（原属中国建筑科学研究院有限公司，以下简称"北京构力"）研发的 BIMbase 平台中有 P3D 三维图形建模，是个可以承接二次开发的三维建模软件。通常，应用 BIM 建模软件创建的 BIM 模型，除需要体现工程中各专业的使用需求外，还通常决定了 BIM 数据格式。因此，在选择 BIM 建模软件时，除应考虑对专业功能的满足程度，还应考虑数据格式。

（2）建模插件类软件。与 BIM 基础建模软件配套的通常包括用于提高建模效率的插件类软件。这类软件通常是在基础建模软件的基础上通过软件二次开发创造的效率工具，用于提高建模的效率。由于 Revit 的开放性较好，所以现有的插件多数都是此类，例如，国内上海红瓦信息科技有限公司（以下简称"红瓦"）开发的建模大师软件，以及福建晨曦信息科技集团股份有限公司（以下简称"晨曦"）和杭州品茗安控信息技术股份有限公司（以下简称"品茗"）等公司的软件产品，都包含有将二维图纸自动转换为三维 BIM 模型的插件。

（3）专项建模软件。在 BIM 工作过程中，还需要针对钢结构、幕墙等专业进行专项深化设计，针对这些应用的软件称为专项建模软件。这类软件具有非常强的专业针对性。例如，通常在钢结构领域中应用的 Tekla 软件即为专项用于钢结构三维 BIM 深化的软件。利用 Tekla 等创建的专业深化模型，可以应用 IFC 等中间格式整合至主体模型中，以形成整体化后的 BIM 完整模型。

常见 BIM 模型创建软件见表 2.3。

表 2.3　常见 BIM 模型创建软件

软件类别	软件名称	主要功能	软件开发商
基础建模	Autodesk Revit	建筑行业通用 BIM 模型创建软件	美国 Autodesk 公司
	Autodesk Civil 3D	用于测绘、铁路、公路行业的模型创建软件	美国 Autodesk 公司
	Bentley Open Building Designer	建筑行业通用 BIM 模型创建软件	美国 Bentley 公司
	Bentley Open Site Designer	用于测绘、铁路、公路行业的模型创建软件	美国 Bentley 公司
	Dassault Catia	源于航空领域的强大模型创建软件，适用于桥梁、隧道、水电等行业	法国 Dassault 公司
	P3D	源于中国建筑科学研究院的 PKPM 的 BIMbase-P3D，适用于建筑、交通等行业	北京构力科技有限公司

软件类别	软件名称	主要功能	软件开发商
建模插件	MagiCAD	基于 Revit 的专业机电管线深化软件	中国广联达科技股份有限公司
	建模大师	基于 Revit 的多功能插件	中国上海红瓦信息科技有限公司
	Dynamo	参数化建模插件，可与 Revit 及建模插件 Civil 3D 配合使用	美国 Autodesk 公司
	GC（Generative Components）	Bentley 公司研发的参数化建模插件	美国 Bentley 公司
	鸿业 BIM 水暖电设计软件	基于 Revit 的机电专业设计软件	中国广联达科技股份有限公司
专项建模	Tekla	钢结构深化软件	美国 Trimble 公司
	Rhino	通用建模软件，通常用于幕墙 BIM 深化	美国 Robert M&A 公司

在 BIM 软件体系中，基础建模软件是核心，它通常决定了 BIM 软件的环境生态。由于各核心建模软件的数据格式不同，故虽然可以通过 IFC 等通用中间格式在不同的建模软件之间进行数据传递，但通常仅可在信息层面进行交换。对于三维几何图形，虽然可以传递显示，但却无法在其他软件中进行再次修改和编辑，从而限制了 BIM 模型的进一步应用。建模插件通常是基于基础建模软件进行二次开发后获得的，运行时离不开基础建模软件，更无法跨越不同的软件运行和使用。因此，核心建模软件决定了 BIM 工作的生态环境。

在 BIM 模型创建过程中，一直有争议的问题就是什么软件才算是模型创建软件。例如，3DS Max 等软件虽然也可以用于创建三维建筑模型，但由于其建模方式更偏重于点、线、面等几何对象，而不是墙、门、窗等工程对象，而且创建的模型除了几何信息外，并不包含建筑工程信息，因此这类建模软件通常不属于 BIM 模型创建软件。类似的还包括 Sketchup、AutoCAD（AutoCAD 具备完善的创建三维模型的功能，只是在国内常常被忽略了）等软件。

2. 模型辅助软件

在 BIM 软件体系中，还有一类基于 BIM 模型的应用和功能拓展，如 VR 展示、结构分析计算、算量提取等。这将 BIM 模型的应用进一步拓展至不同的领域。

模型展示工具通常用于 BIM 模型成果的展示。虽然 BIM 基础建模软件通常具备 BIM 模型的材质设置、图像渲染、漫游等模型展示能力，但展示效果、交互式功能等较为有限。因此，基于 BIM 模型的展示软件工具开始发展起来，常见的国外软件工具有 Fuzor、Lumion、Twinmotion、Enscape 等，国产软件 BIMFILM（北京睿视新界科技有限公司研发）。这些软件工具可以直接读取应用 BIM 模型软件创建的模型，甚至可以保留在 BIM 软件中设置的材质信息以及 BIM 模型中的属性信息，在软件中可利用先进的实时渲染引擎和极强的交互展示模式，提供丰富的展示手段，如添加树木、人物等场景信息，生成相机动画、渲染静态或动态场景，实现实时 VR 交互等。利用这些软件可以将创建的 BIM 模型以近乎电影级场景展示的效果呈现给用户，增强 BIM 模型的展示能力，这类工具通常与核心建模软件协同工作。分析计算工具通常基于 BIM 模型进行专项计算分析。例如，基于 BIM 模型的结构分析工具，用于计算分析结构模型的受力情况，绿色建筑分析工具则可以用于分析日照、噪声等，完成建筑物理指标的分析计算。

虽然 BIM 建模软件中通常具备明细表统计等功能，但在工程算量领域仍然较为落后。算量工具可以弥补这一劣势。算量提取工具通常基于 BIM 模型创建软件工具中创建的 BIM 模型，按照算量信息的规则对模型进行映射，将 BIM 模型转换为算量模型，并进一步生成满足算量要求的工程量清单。

常见的模型辅助工具见表 2.4。

表 2.4　常见的模型辅助工具

软件类别	软件名称	主要功能
模型展示	BIMFILM	BIM 模型实时渲染、施工工艺、进度模拟软件
	Fuzor	BIM 模型实时渲染、虚拟现实、进度模拟软件
	Lumion	BIM 模型实时渲染、虚拟现实软件
	Twinmotion	BIM 模型实时渲染、虚拟现实软件
	Enscape	BIM 模型实时渲染、虚拟现实软件
分析计算	Autodesk Robot	基于有限元的结构分析计算软件
	Ecotect	绿色建筑分析软件
	YJK－A	北京盈建科软件股份有限公司开发的结构分析软件
	PKPM－BIM	北京构力全专业协同设计软件
算量提取	晨曦 BIM 算量	福建晨曦基于 Revit 的算量软件
	品茗 BIM 算量	杭州品茗基于 Revit 的算量软件

3. 模型管理软件

在 BIM 的基础模型和模型辅助工具之外，还有针对 BIM 工作的模型管理工具，包括 BIM 资源管理工具、BIM 模型整合工具。

BIM 资源库是基础建模的基础库，BIM 模型中常用的门、窗、梁、管线接头等基础图元，可以在 BIM 资源库中管理，作为 BIM 模型资源，以方便使用。族库资源管理器为常见的 BIM 资源管理系统，是 BIM 工作的基础资源。

BIM 模型整合工具是基本的 BIM 管理应用工具。当使用多种不同的 BIM 软件创建 BIM 模型时，如采用 Revit 创建了结构 BIM 模型，再采用 Tekla 软件创建了钢结构深化 BIM 模型时，如需要对上述 BIM 模型进行整合，则需要采用模型整合工具。通常模型整合工具具有兼容多种数据模型的能力，同时能够以轻量化的方式显示模型。

一般来说，BIM 模型整合工具需要整合各专业的 BIM 模型成果，需要具有较强的模型及信息的兼容性，同时由于整合后的场景数据将变得较为庞大，为增强场景浏览显示的性能，需要具有"轻量化"显示的功能。例如，在 Navisworks 中整合场景时，软件会自动将 BIM 模型文件转换为 NWC 格式的文件。该文件是高度压缩的数据格式文件，通常只有 Revit 原始文件大小的十几分之一，从而可以提高场景中浏览查看模型的速度。同时，其在模型管理方面通常会提供版本控制、模型碰撞检查、信息集成与整合等各项 BIM 管理的功能，是 BIM 管理应用中的重要软件工具，见表 2.5。

表 2.5 BIM 模型管理工具软件

软件类别	软件名称	主要功能
BIM 资源管理	构件坞	广联达研发的 Revit 族库管理器
	族库大师	红瓦科技研发的 Revit 族库管理器
	族立得	鸿业软件出品的 Revit 族库管理器
BIM 整合工具	Navisworks	Autodesk 公司研发的 BIM 整合工具
	Solibri	基于 IFC 格式的信息检查软件
	BIM 5D	广联达公司出品的模型及成本信息整合工具
	Navigator	Bentley 公司推出的 BIM 整合及浏览工具
	BIMBase（P3D）	中国建筑科学研究院（北京构力）协同管理平台

4．企业级（含项目级）管理平台

BIM 协作管理是基于 BIM 协同工作的一类软件。该类软件用于管理各参与 BIM 工作的人员的模型权限、模型的修改版本等模型文件信息，以确保在 BIM 工作过程中项目各参与人员的信息对称。

企业级管理系统通常针对企业层级的 BIM 应用，一般称为 BIM 云平台，这类平台都由"轻量化引擎＋应用模块"组成。例如，设计管理系统针对设计企业的设计管理，包括协同管理、产值管理、人员管理、进度管理等一系列的流程与工具；施工企业的 BIM 管理系统通常整合了 BIM 的施工进度模拟、施工成本、施工安全与质量等一系列功能；而基于 BIM 的运行维护管理系统，则将整合运行维护方面的数据。国产云平台这几年发展迅猛，在各类工程中均有应用，各有优势，而且功能方面都在不停地升级迭代。表 2.6 列出几个国内厂商的 BIM 管理云平台，这些平台各有特色，在房屋建筑工程全过程管理中都有应用案例。

表 2.6 常见 BIM 管理云平台

平台名称	软件厂商
BIMBase	北京构力
BIMFace	广联达公司
BDIP	上海毕埃慕
CCBIM	杭州品茗
EveryBIM	上海译筑科技
圭土云	上海逸广科技

其中，中国建筑科学院研究院（北京构力）自主研发的 BIMBase 是完全自主知识产权的国产 BIM 基础平台，基于三维图形内核 P3D 建模软件，实现图形处理、数据管理和协同工作，由三维图形引擎、BIM 专业模块、BIM 资源库、多专业协同管理、多源数据转换工具、二次开发包等组成。平台可满足大体量工程项目的建模需求，实现多专业数据

的分类存储与管理及多参与方的协同工作，支持建立参数化组件库，具备三维建模和二维工程图绘制功能。BIMBase 平台能够提供通用造型能力，包括建模精细化、设计计算、材料清单报表、出施工图等工程建设全流程的功能需要。有很好的显示渲染能力及纹理、贴图、光照、阴影等效果，支持大场景快速显示，电脑（含台式机和笔记本）、手机、平板电脑都可以同时使用。

其他管理平台都是可以对各种来源的模型做轻量化的解析，比如广联达的 BIMFace 可以支持 Revit、NavisWorks、3DS Max、SketchUp、AutoCAD、天正建筑、Rhino、PDMS 等软件，能导入的软件格式达 50 种以上（包括 .rvt、.skp、.igms、.ifc、.dwg、.nwd 等）

事实上，各个 BIM 软件的功能也具有交叉性，很难用单一的维度对其进行明确的划分。例如，应用模型创建工具 Revit 除了能够创建 BIM 模型外，还可用于渲染展示，其还提供了碰撞检查功能，但这些功能往往不如模型展示软件工具那么方便，也不如 Navisworks 中提供的碰撞检查那样灵活，但无论如何划分，BIM 软件已经发展为一个软件体系，软件体系内各不同定位的软件共同协作，能够让 BIM 软件满足不同环节的应用需求。由于 BIM 软件体系中模型创建工具的数据格式会影响 BIM 各工作环节中软件的选用，因此一直以来都是各 BIM 软件厂商努力占据的核心高地，也是 BIM 技术现阶段很难快速普及应用的痛点。

2.2.2　BIM 信息集成

近年来，BIM 模型在信息集成管理中成为一种全新的理念，集成管理的巨大优势使得 BIM 在建筑业中得到了快速发展并迅速被应用于许多工程项目。BIM 模型涉及工程项目各生命期的各个参与方，实现了建筑全生命周期的信息共享，能够使项目各参与方协同工作，减少人为因素的影响，实现工程项目信息的集成化管理，为工程项目管理能力和水平的提高创造更好的条件，为企业资源配置的优化和经济效益的提高提供可能，同时也可为建筑业未来的大数据管理做好数据沉淀。

在 BIM 中进行多维度的信息集成，通常有以下几个特征。①BIM 信息集成平台通常属于管理平台，往往需要通过软件系统开发的方式实现；②BIM 信息集成平台通常以轻量化后的 BIM 模型为信息载体，模型的轻量化水平决定了平台体验；③BIM 信息集成平台通常需要读取多种不同格式的数据文件，因此平台信息接口的能力决定了平台数据的集成能力。

分析建筑工程管理中的信息集成的来源，主要包括以下几个方面。

1. 信息的 6 个维度

BIM 的核心是信息，BIM 模型中的信息可划分为 1D～6D 共 6 个维度，其所包含的信息内容见表 2.7。这 6 个维度的信息也可以说是 6 种不同种类的信息。例如，1D 信息多以文字性描述为主；2D 信息通常以图纸文件为主；3D 信息通常以立体设计文件为主；4D 信息通常包含项目的建造时间信息，即在 BIM 模型中整合施工进度信息，由 BIM 模型整合软件工具生成的施工进度展示模拟；5D 信息主要是在施工进度的基础上整合成本与造价的信息，可以利用 BIM 模型直观看到动态的成本变化；6D 信息通常在运营阶段整合温度、湿度、压力、能耗等传感器信息，实时显示建筑物的物理性能状态。

表 2.7 6 个维度的信息内容

维度	阶段	内容
1D 关键点	调查	现有条件、规章制度、太阳定向、功能程序
	实施	设计咨询、BIM 执行计划、服务器资源、软件
	概念设计	设计策略、面积估算、费用估算、工程量、可行性
2D（1D＋向量）	产品文件	2D 图纸、意见和计划
	实施	创建 BIM 目标、参数化、文件管理、沟通
	软件计划	房间数据表、项目成果清单、范围定义、工程材料、结构荷载、能量荷载
	可持续性	生命周期预估、施工方案、初始机电系统、能源制造、绿色建筑策略
3D（2D＋形状）	表现	渲染、漫游、激光扫描
	实施	创建 BIM 目标、可视化编程、碰撞检测、模型审核
	设计	详细设计、模型组件、结构设计、机电设计、明细
	可持续性	日照能量值、采光需求
4D（3D＋时间）	施工	模型整合、施工模拟、日程安排、项目阶段划分、时间轴、施工组织计划、器械进场、视图核实
	系统	预制组件、结构施工、机电施工模拟、生命周期模拟、日程模拟、风模拟
5D（4D＋费用）	生产	工程量、详细费用估算、装配模型
	合同	费用对比、贸易选择、建材运输
	可持续性	绿色建筑评估、生命周期费用、对比研究
6D（5D＋性能）	结果	了解备选方案、性能核定、经审核的 BIM 模型、性能待优化
	工程价值	性能模拟、能源性能、系统性能、施工业绩、建筑性能
	节约估算	成本比较、施工收益、业主收益、进度风险、认证的 BIM 模型

BIM 的 6 个维度的信息并不是一次性创建产生的。在创建 BIM 模型时，已经具备 1D、2D 和 3D 的信息。例如，在 Revit 中创建 BIM 模型时，其本身就是具备完备几何信息的 3D 信息库；通过添加各类视图功能，可以在软件中生成任意平面、立面、剖面 2D 视图信息；可以通过注释信息在 2D 视图中添加任意需要用文字说明的 1D 信息。可以说，1D、2D、3D 信息是构成 BIM 模型的基本信息，BIM 软件可以很好地维护这些信息间的逻辑关系，做到一处修改，处处更新。BIM 的其他维度的信息是随着工程的进展不断添加、整合而来的。在此过程中，人们会用到不同的软件、工具，以满足信息协调管理的要求。

2. 数据交换标准

在模型创建阶段，由于 BIM 模型创建软件具有多样性，故为解决 BIM 软件之间数据互换的难题，一些组织和机构提出了 BIM 的数据交换标准。经 ISO 组织认证的 BIM 数据交换标准主要分为三类——IFC（Industry Foundation Class，工业基础类）、IDM（Information Delivery Manual，信息交付手册）、IFD（International Framework for Dictionaries，国际字典框架）是实现 BIM 价值的三大支撑技术。用于建造与运营衔接的另外一个国际标准为 COBie（Construction Operations Building Information Exchange，施工运营建筑信息交换）标准。

（1）IFC 标准。传统的 CAD 图纸所表达的信息无法识别。IFC 标准解决了这一问题，它类似于面向对象的建筑数据模型，是一个处理建筑信息数据的表达和交换标准。IFC 模型包含建筑全生命周期内各方面的数据，支持建筑设计、施工和运行等各阶段中各种特定软件的协同工作。IFC 标准是连接各种不同软件的桥梁，很好地解决了项目各参与方、各阶段的信息传递和交换问题。

（2）IDM 标准。随着 BIM 技术的不断发展，在其应用过程中必须保证数据传递和信息共享的完整性、协调性。因此，在 IFC 标准的基础之上又构建了一套 IDM 标准，它能够对各个项目阶段的信息需求进行明确定义，并将工作流程标准化，能够减少工程项目实施过程中信息传递的失真，同时，可提高信息传递与共享的质量。

（3）IFD 标准。各国家、地区间有着不同的文化、语言背景，使得软件间的信息交换有一定阻碍。IFD 采用了概念和名称或描述分开的做法，引入类似人类身份证号码的 GUID（Global Unique Identifier，全球唯一标识），来给每一个概念定义一个全球唯一的标识码。不同国家、地区的名称和描述，与 GUID 相对应，可保证所有用户得到信息的准确性、有用性、一致性。

（4）COBie 标准。由美国陆军工兵单位研发，旨在建筑物设计、施工阶段就能考虑未来竣工交付使用单位时设施管理所需要资讯的标准，是传输和管理建筑设施信息的国际标准。COBie 是一种标准化的方法，可对获取的有关建筑设施的文档信息与数据资料加以整合、存储和共享。利用 IFC 等格式，在不同的建筑阶段相关者之间交换。其规定了从设计到运行维护阶段信息的获取交换技术、交换标准、交换流程。

不论哪种标准，均只能在不同的软件间交换信息，即使在 IFC 中规定了图形交换的标准，在软件中打开后，也无法对其中的三维图元进行再次修改与编辑。这也是当前 BIM 软件环境中重要的数据制约。

3. 4D、5D 信息集成

工程项目通常会经历前期策划、方案设计、施工图设计、招标投标、施工、竣工移交、运行使用几个阶段。在不同的阶段会产生不同的信息，BIM 正是用不同维度的信息来分别记录并将其整合至相关模型构件中的。

4D 是在 3D 基础上叠加时间信息，在工程中表现为 3D 的 BIM 模型上增加施工进度模拟，5D 则是再叠加造价（成本费用）方面的信息。也就是为了表达建筑全生命周期中各阶段的不同信息，对 BIM 模型中的信息进行拓展延伸，实现施工进度模拟以及整合成本与造价的信息，在进度模拟的基础上进行成本需求的分阶段分项目整理分析。同时，可以在工程进展过程中，将现场隐蔽工程的照片、施工的相关信息等集成在 BIM 数据中，以便对工程进行各方面的管理。

这部分功能需要结合工程管理的特点，国产的很多软件都能实现，如广联达的 BIM 5D 等。

BIM 1D～5D 信息通常产生在工程项目的建设阶段。在建设阶段结束后，BIM 模型及其整合的过程信息、成本信息可以数字资产的形式进行交付，成为除实物建筑资产以外的可以完整反映实物建筑的数字资产，这一过程也被称为数字孪生（Digital Twin）。

4. IoT（物联网）信息集成

物联网（Internet of Things，IoT）利用各种信息传感器、射频识别技术、全球定位系统红外感应器、激光扫描器等各种装置与技术，实时采集任何需要监控、连接、互动的物体或过程，采集其声、光、热、电、力学、化学、生物、位置等各种需要的信息，通过各类可能的网络接入，实现物与物、物与人的泛连接，实现对物品和过程的智能化感知、识别和管理。物联网是一个基于互联网、传统电信网等的信息承载体，让所有能够被独立寻址的普通物理对象形成互连互通的网络。

IoT 技术已越来越多地被应用在建筑运营管理中，如弱电自动控制系统等。BIM 信息可以与 IoT 信息整合，构成 BIM 的 6D 信息，在 BIM 模型中体现建筑性能的实时状态。

2.2.3　BIM 软件发展的现状

BIM 软件开发分为两个层面：基于基础建模软件的二次开发和基于 WebGL 网页技术的 BIM 管理应用开发。

简单来说，二次开发就是对现有的软件进行定制修改、功能扩展，实现自己想要的功能，一般来说不会改变原有系统的内核。一些大公司如 Autodesk 开发了一个大型的软件系统平台，根据不同的客户需要，一些中小公司在该平台上进行有针对性的二次开发，或者针对某一类软件开发相应功能的插件，以提高使用效率。各 BIM 软件开发的思路很相似，只是在开发手段和开发路径上有所不同。

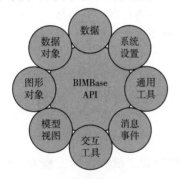

图 2.2　BIMBase 软件提供的 API 的类别

二次开发的主要目的是在原有工具的基础上增强相关的功能，提高建模软件的操作效率。二次开发通常取决于建模软件中 API（Application Programming Interface，应用程序接口）的开放程度。建模软件中 API 越丰富，则能够二次开发的功能越多。图 2.2 所示为 BIMBase 软件提供的 API 的类别，使用软件提供的这些 API，可以利用编程的方式调用各图元对象的 API 接口，灵活地对 BIMBase 中的各类对象进行程序化控制。

二次开发工具大大提高了在基础模型中的工作效率。此类二次开发通常是对原 BIM 模型创建软件功能的增强，通常只能与原软件一同工作，且二次开发的功能、深度受原软件 API 接口开放程度的影响，越是开放的平台，二次开发的功能越灵活。二次开发的软件通常只能随原软件一同运行，其本身并不能独立运行。表 2.8 是 BIMBase 接口的具体功能。

表 2.8　BIMBase 接口的具体功能

接口类型	具体功能
数据	文档管理、数据访问与查询
数据对象	数据定义、创建、编辑
图形对象	二维、三维造型、查询、显示控制
模型视图	创建、管理、关联
交互工具	精准定位、选择、捕捉、夹点
消息事件	项目、数据、关系等事件

接口类型	具体功能
通用工具	通用编辑、属性表
系统设置	插件管理、定制菜单、注册管理

随着云计算、移动互联网技术的发展，实时、随时随地获取数据逐渐成为人们的习惯。基于 Web GL 技术的 Web 图形技术以及 HTML5 技术的快速发展，在浏览器和移动端浏览 BIM 模型、进行 BIM 协同管理软件开发的技术逐渐成熟，其主要聚焦 BIM 多专业、跨专业协同设计、施工计划、质量管理、实时运维等管理场景。

基于 WebGL 技术进行管理软件开发的关键技术是 BIM 轻量化技术。应用 BIM 轻量化技术可将原始的 BIM 文件通过压缩和简化的三维图形处理算法转换为对计算机硬件资源消耗较少的图形格式。这种显示即把原始 BIM 数据文件转换为可便于云端存储和传输的结构化数据和非结构化数据。相比于桌面端软件，在浏览器中可用的内存资源有限，应用基于 WebGL 的轻量化技术可以在显示数据组织、数据加载调度、显示引擎内存动态管理等方面充分满足大体量 BIM 模型的显示需求。同时，由于 BIM 模型基于 Web 浏览器存储于云端，所有可以浏览网页的支持 HTML5 的浏览器设备均可显示浏览 BIM 模型，实现跨终端显示模型与信息。

基于轻量化技术的 BIM 软件开发涉及云计算、数据库、网络安全、Web 显示引擎等技术，因此从头开发 BIM 软件的成本较大。简单的方法是基于已有的 BIM 二次开发平台进行业务定制开发，充分利用平台提供的图形技术和服务，减少开发成本。为帮助 BIM 开发者快速搭建 BIM 应用，降低云端 BIM 软件开发的门槛，BIM 开放平台应运而生，国内轻量化管理平台已有多家，一般称之为企业级管理系统，见表 2.6 中所列。

2.3　BIM 应用效果评价

国内的工程设计企业和施工企业现有的评价标准是按照资质等级来判定的，而资质等级的评定依据主要是在职的执业注册证书的人员数量和工程业绩，这些和 BIM 的应用没有直接关系，所以国内在 BIM 应用效果评价方面还亟待发展。

随着建筑及工程信息化的迅猛发展，BIM 已成为业内出镜率最高的热词了，几乎所有的建设工程都在全部或者局部应用 BIM 技术。从设计院、施工单位再到业主，在 BIM 技术研究和应用方面的投资少则过百万元，多则数千万元。在 BIM 技术上的投资是否得到应有的回报？如何检验投资的成果？如何确定进一步的发展方向？

对于这些问题的判定，美国国家 BIM 标准（NBIMS）第三版中提出了一套衡量应用 BIM 程度的模型和工具，即 CMM（Capability Maturity Model，能力成熟度模型），用来评估组织 BIM 的实施过程。

CMM 评价是对一个企业在 BIM 技术研究和应用方面的评价，通过三个步骤来完成 BIM 能力成熟度模型评价，具体过程如下。

第一步，分析企业在 BIM 应用各方面的程度，主要包括 11 个评价指标，具体见表 2.9。每个评价指标给出从 1~10 的评分标准，每个分值有对应的明确要求。

表 2.9 美国 CMM 评价指标打分表

评价指标	对应分值									
	1	2	3	4	5	6	7	8	9	10
数据丰富性	基本核心数据	扩展数据集合	增强的数据集合	数据和一些信息	数据和扩展信息	数据和有限的信息	数据和大量权威的数据	完全权威信息	有限的知识管理	完整的知识管理
生命周期	没有完整的项目阶段	规划和设计	加入施工和供应链管理	包括施工和供应链管理	包括施工和供应链管理及制造	加入有限的维护和保修	包括维护和保修	增加了成本管理	收集全生命周期数据	支持外部信息分析
角色或专业	没有一个专业人员得到充分支持	只有一个专业人员得到支持	两个专业人员得到部分支持	两个角色得到完整支持	部分计划、设计更变支持	计划、设计和技术支持	部分支持运行与维护	支持操作与维护	支持全生命周期的专业人员	支持内部和外部的专业人员
变更管理	没有变更管理能力	能够做变更管理和分析问题	能够做变更管理和分析问题，并及时反馈	变更管理反馈	初步实现变更管理的反馈	变更管理流程到位，并能及早预防	预防变更管理和分析问题	业务流程含变更和分析反馈问题	业务流程管理，含变更和反馈问题	业务流程通过变更管理，分析问题和反馈问题，形成闭环
业务流程	没有集成业务流程	很少的业务流程采集了信息	一部分业务流程采集了信息	大部分业务流程采集了信息	所有的业务流程采集了信息	很少的业务流程可以收集和管理信息	部分的业务流程可以选择和管理信息	所有的业务流程可以收集和管理信息	部分业务流程可以实时收集和管理信息	全部业务流程可以实时收集和管理信息
时效性/响应	大部分信息通过手动方式收集很慢	大部分反馈信息通过手动方式回收	数据调用在 BIM 中，但不是大部分数据在 BIM 中	有限的响应信息在 BIM 中可用	大部分的响应信息在 BIM 中可用	所有的响应信息在 BIM 中可用	所有的响应信息来自 BIM，且及时	有限的但在 BIM 中访问数据	在 BIM 中完整实时访问	全部实时访问数据可反馈

续表

评价指标	对应分值									
	1	2	3	4	5	6	7	8	9	10
传递方式	单点访问，无互联网架构	单点访问网络，有限的互联网架构	直接访问网络，有基础的互联网架构	直接访问网络，全部的互联网架构	有限的基于Web的服务	全部的基于Web的服务	全部的基于Web的服务，有互联网架构	有保护的基于Web的服务	基于账户管理的网络中心化SOA	基于账户角色中心化网络的SOA
图形化信息	主要文本无技术图形	2D无智能设计	NCS（美国CAD标准）2D无智能设计	NCS 2D智能建筑	NCS 2D智能竣工图	NCS 2D智能实时	3D—智能图	3D—实时的和智能的	4D—增加时间	nD—时间&成本
空间能力	无空间定位	基本的空间定位	空间位置确定	空间位置确定，有限的信息共享	空间位置确定，有元数据	空间位置确定、全部信息共享	有限的一部分来自GIS（地理信息系统）	大部分来自完整的GIS	集成一个完整的GIS环境	和信息流一起集成完整的GIS
信息准确性	没有准确度	初步的准确度	有限的准确度一内部空间	完整的准确度内部空间	有限的准确度内部和外部空间	完全准确的内部和外部空间	有限的自动计算	完全自动计算	自动计算，有限的度量准则	自动计算、完全的度量准则
互动性/支持IFC格式	没有互动性	勉强的互动性	有限的互动性	有限的信息通过产品之间进行转换	大部分信息通过产品之间进行转换	全部的信息通过产品之间进行转换	有限的有效信息通过IFC传递	扩展的有效信息通过IFC传递	大部分的有效信息通过IFC传递	所有的有效信息通过IFC传递

第二步，对 11 个评价指标赋予权重，可以按企业侧重点不同，对权重加以倾向，总权重为 10，见表 2.10。

表 2.10　某企业的分项权重值

感兴趣的领域	数据丰富性	生命周期	变更管理	角色或专业	业务流程	时效性/响应	传递方式	图形信息	空间能力	信息的准确性	互动性/支持 IFC 格式
权重值	0.84	0.84	0.90	0.90	0.91	0.91	0.92	0.93	0.94	0.95	0.96

第三步，根据前两步的得分情况，汇总见表 2.11，建立企业交互式 BIM 应用能力成熟度评价模型，见图 2.3，能很清楚地看出企业在 BIM 应用效果评价方面的情况。

表 2.11　某企业的 BIM 应用效果评价得分计算表

感兴趣的领域	加权重要性	选择你认为的成熟程度	对应分值	得分
数据丰富性	0.84	扩展数据集	2	1.68
生命周期	0.84	项目未完成阶段	1	0.84
变更管理	0.90	初始化	2	1.80
角色或专业	0.90	部分支持两种角色	3	2.70
业务流程	0.91	单独的过程没有集成	1	0.91
时效性/响应	0.91	大多数响应信息手动重新收集——缓慢	1	0.91
传递方式	0.92	网络接入 w/基本 IA	3	2.76
图形信息	0.93	NCS 2D 非智能设计	3	2.79
空间能力	0.94	无空间位置	1	0.94
信息的准确性	0.95	初始地面实况初步准确	2	1.90
互动性/支持 IFC 格式	0.96	勉强的互动性	2	1.92

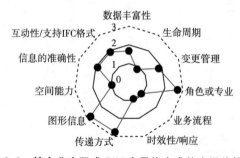

图 2.3　某企业交互式 BIM 应用能力成熟度评价模型

第3章　BIM综合应用中的造价管理

建筑工程作为一个产品，它的生产过程的本质是面向物质和信息的协作过程，项目组织的决策和实施过程产生的量直接依赖于项目信息的可用性、可访问性及可靠性。以 BIM 为代表的信息技术的不断发展，对工程项目的管理产生了巨大影响，为工程项目管理提供了强大的管理工具和手段，极大地提高了工程项目的管理效率，提升了工程项目管理的水平。

随着 BIM 在全球的广泛应用，BIM 的应用对建筑业产生了一系列的影响，如基于 BIM 的跨组织跨专业集成设计、基于 BIM 的跨组织信息沟通、基于 BIM 的跨组织项目管理、基于 BIM 的生产组织及生产方式、基于 BIM 的项目交付、基于 BIM 的全生命周期管理等，相比 2D−CAD 技术，这一系列的影响均具有跨组织的特性。BIM 的成功应用需要打破项目各参与方（业主方、设计方、施工方、供货方及构配件制造方等）原有的组织边界，有效集成各参与方的工作信息。因而，BIM 不仅仅指一种建筑软件的应用，它表征了一种新的思维方式和工作方式，它的应用是对传统的以图纸为信息交流媒介的生产方式的颠覆。

BIM 是一种工具，也是通过建立模型来加强沟通交流的过程。作为一种工具，它可以使项目各参与方共同创建、分析、共享和集成同一个模型；作为一个过程，它加强了项目组织之间的协作，并使他们从模型的应用中受益。

3.1　BIM 综合应用概述

3.1.1　BIM 综合应用的本质

1. 从技术基础看

BIM 的核心技术是参数化建模技术，不仅是对建筑设施的数字化、智能化表示，更是对工程项目的规划、设计、施工和运营等一系列活动进行分析管理的动态过程。它不能简单地被理解为一种工具，它体现了建筑业广泛变革的人类活动，这种变革既包括了工具的变革，也包含了生产过程及组织的变革。BIM 是在政策、流程和技术的一系列相互作用下，用于工程项目全生命周期项目数据数字化管理的方法，是工程建设过程中通过应用多学科、多专业和集成化的信息模型，准确反映和控制项目建设的过程，目的是使项目建设目标能最好最优地实现。

2. 从实际应用看

BIM 是一种用于设计、施工、管理的方法，运用这种方法可以及时并持久地获得高质量、可靠性好、集成度高、协作充分的项目信息。BIM 是建设过程中唯一的信息库，它所包含的信息包括图形信息、非图形信息、标准、进度及其他信息，用以实现减少差错、缩短工期的目标。BIM 是一个在集成数据管理系统下应用于设施全生命周期的数字化模型，它包含的信息可以是图形信息，也可以是非图形信息。

随着 BIM 理论的不断发展，广义的 BIM 已经超越了最初的建筑工程产品模型的界限，被认同是一种应用模型来进行建设和管理的思想和方法，这也正是 BIM 综合应用的本质所在，这种新的思想和方法将影响整个建筑生产过程。

3.1.2　BIM 综合应用的原则

工程项目所涉及的项目参与方众多，包含各方人员（业主方、设计方、施工方、供货方及构配件制造方等）、机械、材料以及设备等多方面的管理。虽然 BIM 应用能够促进项目各参与方间的协调与沟通，使项目各参与方朝着跨组织关系协同的方向靠拢；然而，我国建筑业固有的制度和思维方式，仅凭 BIM 本身是无法实现这一根本改变的。工程项目各参与方作为临时的跨组织系统，各参与方之间的合作与协调在很大程度上取决于各方的关系管理。以下原则是需要在 BIM 综合应用中遵循的。

1. 业主主导原则

业主是 BIM 在工程项目中综合应用的总组织者，在工程建设中处于主导地位，是联系所有工程建设参与单位的中心。因此，要推动 BIM 技术应用，提高建筑行业整体应用效率，需要业主主导来完善工程项目组织机制，需要一种有效的业主驱动的 BIM 实施模式。

（1）在全面分析项目概况的基础上，根据工程项目特点和重难点确定 BIM 应用目标，即制定 BIM 总体目标及各阶段具体目标。

（2）根据应用目标制订相应的 BIM 实施规划，确定技术规范、组织模式及保障措施等。

（3）具体实施应用与评估，及时检查、监督实施效果，修正应用目标和实施计划。

业主主导的 BIM 项目实施流程见图 3.1。

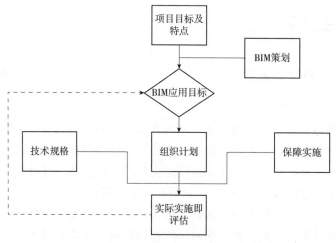

图 3.1　业主主导的 BIM 项目实施流程

2. 标准化原则

BIM 技术能否在工程项目全生命周期中发挥最大的效能，取决于 BIM 软件间的互操作性。互操作性是指不同的系统和组织共同工作（互操作）的能力，解决"互操作性"的根本途径是信息化标准。BIM 数据交换标准主要包括 IFC、IFD、IDM 等相关标准。

3. 过程性原则

BIM 的本质是建筑信息的管理与共享，贯穿工程项目的全生命周期。BIM 模型随着工程建设的推进不断丰富和演进，模型中包含了从初步设计到施工图设计、从深化设计到建设和运行维护等各个阶段的详细信息。BIM 模型是建筑实体形成过程的数字化记录。因此，BIM 不仅是建筑实体的静态模型，更是一个融入建筑生产、管理和维护的动态过程，即设计、施工到运营的递进，不断优化的过程。基于 BIM 技术可提供更高效合理的优化过程，主要表现在数据信息、复杂程度和时间控制方面。

4. 跨组织协同原则

建筑业作为一个松散耦合的行业，跨组织关系通过项目这一载体继承并延续了建筑的固有特征，包括割裂性、临时性和对立性。而 BIM 的核心价值在于信息，以及信息的流转和传递，即数据共享和协同工作。多专业的跨组织协同则包括阶段性和实时性协同，传统设计多专业配合为阶段性协同。基于 BIM 的三维协同则侧重于解决二维技术难以解决的设计进度、技术和局部的协调性问题，实现精益建造、采购和管理。通过 BIM 综合应用，使工程项目不同组织、不同专业及不同阶段均使用基于同一 BIM 模型进行项目信息共享和协作。

3.1.3 BIM 综合应用的内容

BIM 综合应用的内容主要体现规划性、协同性及控制性，重点在于由业主方的协同为主导，以可执行的 BIM 标准为载体做好 BIM 策划工作，逻辑关系见图 3.2。

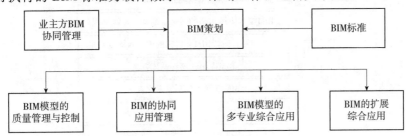

图 3.2　BIM 综合应用的逻辑关系

1. 业主方 BIM 协同管理

业主方在工程建设中处于主导地位，是联系工程项目各参与方的中心。因此，要推动 BIM 技术应用，提高建设行业整体效率，需要从业主方角度着手完善工程项目的组织管理模式，建立合理有效的业主方 BIM 模型协同管理机制。业主方 BIM 协同管理的主要内容见图 3.3。

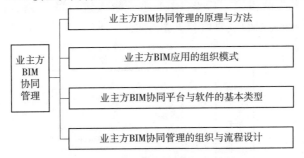

图 3.3　业主方 BIM 协同管理主要内容

2. BIM 标准

BIM 标准体系是各个阶段信息集成、共享和协作的基准线。信息互用与建筑产品模型是建筑业内从业者必须关注的重要内容，可帮助项目各专业人员在协同工作的过程中相互理解和统一口径。基于标准，软件开发者可以通过支持交换协议的语言来实施信息交互的技术框架，而项目各参与方可以知道什么样的内容需要用来进行信息交互。BIM 标准的主要内容见图 3.4。

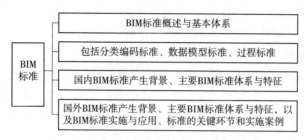

图 3.4　BIM 标准的主要内容

3. BIM 策划

BIM 应用的首要条件是做好 BIM 的策划。BIM 策划应依据现行的国家标准，是由企业管理层在启动 BIM 具体应用前编制的，旨在明确企业和项目 BIM 应用的指导性方针、原则与方法，指导 BIM 在企业和实践项目中的具体应用。BIM 策划的主要内容见图 3.5。

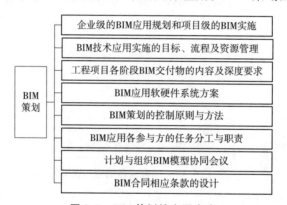

图 3.5　BIM 策划的主要内容

（1）BIM 模型的质量管理与控制。BIM 模型的质量是指 BIM 的可交付成果能够满足客户需求的程度，是 BIM 有效应用的关键。而 BIM 模型的质量管理是为了保证项目的可交付成果能够满足客户的需求，围绕 BIM 的质量而进行的计划、协调、控制等活动。BIM 模型的质量管理与控制的主要内容见图 3.6。

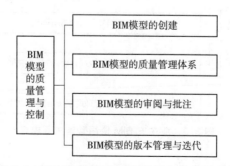

图 3.6　BIM 模型的质量管理与控制的主要内容

（2）BIM 模型的多专业综合应用。在建设项目不同阶段过程中，BIM 模型是建筑、结构、给排水、暖通及电气等多专业的综合，将不同专业的建筑信息模型链接，将会改变协同设计与施工线性的工作模式，取而代之的将是扩展到全生命周期的设计、施工、运营、管理等各方面全面参与的，各个专业可以快速、准确地协调并解决矛盾的高效的工作模式。BIM 模型的多专业综合应用的主要内容见图 3.7。

图 3.7   BIM 模型的多专业综合应用的主要内容

（3）BIM 的协同应用管理。BIM 正在改变建筑业内部和外部团队合作的方式，为了实现 BIM 的最大价值，需要重新思考工程项目管理团队成员的职责与工作流程。基于 BIM 的工作方式打破了原来不同公司和数据使用者之间的固有界限，通过协同工作实现信息资源的共享。BIM 的协同应用管理的主要内容见图 3.8。

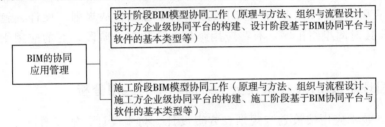

图 3.8   BIM 的协同应用管理的主要内容

（4）BIM 的扩展综合应用。鉴于 BIM 的潜在应用价值，业内普遍认为，在当前大数据和云计算的时代背景下，BIM 通过信息通信技术（ICT）的拓展，可与 VR、AR 绿色建筑、建筑产业现代化等紧密结合，不断深化 BIM 应用的深度和广度。BIM 的扩展综合应用的主要内容见图 3.9。

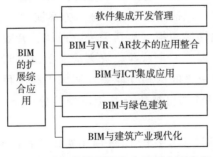

图 3.9   BIM 的扩展综合应用的主要内容

3.2   全生命周期的 BIM 应用

BIM 技术导入建设工程项目的全生命周期管理，将引发整个工程项目生产管理的巨大变革，这意味着整个项目生命周期从规划、设计、施工到运行维护，直到项目最终拆除为止，均可通过 BIM 模型的几何与非几何信息的创建、增加、更新、搜寻、选择、传输与交换等进行建筑产品信息的共享与再利用。借助富含项目信息的 BIM 模型，工程项目信息集成化程度大大提高，从而为工程项目各参与方提供了一个工程信息交换和共享的平台。集成新兴的信息技术，BIM 模型中包含的信息还可以用于模拟工程交付物在真实世界中的状态和变化，使得工程项目在建成之前，各参与方就能对工程项目的各方面作出完整的分析和评估。

BIM 技术的应用领域具有多样性，BIM 强调对工程项目全生命周期中产品、组织、过程等各类信息进行集成化的表达和管理，其过程可涉及项目全生命周期中规划、设计、施工及运行维护等各类活动。由于这些活动之间密切联系但又在一定程度上相对独立，BIM 在工程项目全生命周期中的应用领域呈现出一定的多样性。

3.2.1 美国 BIM 技术在全生命周期中的应用

美国 buildingSMART 曾经对美国工程建设行业的 BIM 应用情况做过详细调查，总结出美国建筑业 25 种不同 BIM 应用并加以分析研究，用于指导工程项目在不同阶段选择合适 BIM 应用，见图 3.10。这些 BIM 应用将工程项目从规划、设计、施工到运行维护的发展阶段按时间组织排序，有些应用跨越一个到多个阶段，有的应用则局限于某个阶段内。

3.2.2 我国现阶段 BIM 技术在全生命周期中的应用分析

现有 BIM 技术应用按策划与规划、方案设计、初步设计、施工图设计、施工、运行维护及拆除等过程分别确定，BIM 技术应用点的选择，综合考虑了不同应用点的普及程度、成本收益和工程特点等方面的因素。

根据近年来我国 BIM 实践经验及项目全生命周期应用的分析，认为 BIM 的应用领域可以分为 5 个模块：①可视化规划与设计，包括场地分析、设计方案比较、设计方案展示、协同设计等；②项目资源管理，包括成本预测、工程量测算、现场资源管理、预制化制造与施工等；③虚拟施工，包括碰撞检查、施工方案演示、进度模拟等；④参数化性能分析，包括能耗模拟、其他性能模拟（包括采光、通风、音效、人员疏散等）；⑤建筑空间与设备管理，包括空间管理、安全监控、灾害应急处理。考虑不同 BIM 应用领域的应用频率差异，以及各应用模块之间的相互联系，我国工程项目 BIM 应用的主要领域 BIM 应用行为整体遵循"基于 BIM 的可视化→基于模型的分析→基于模型的管理"这一渐进性的实施路径。

而从 BIM 技术发展的成熟度及我国 BIM 应用实践来看，现阶段 BIM 技术的深入应用还局限在基于 BIM 模型的可视化方面，而在基于模型的分析（主要包括参数化分析模块）、基于模型的管理（主要包括项目资源管理、建筑空间与设备管理）等方面的深入应用仍相对较少。

从全生命周期看 BIM 应用的实施，需要从宏观层面理解项目与 BIM 组成的生态系统，见图 3.11。整个系统分为三层：项目立项与规划层、项目策划与管理层、项目实施与交付层。每一层都有相应的角色和职责以及相应的工作程序。在这个生态系统中，BIM 在全生

应用场景	Plan规划	Design设计	Construct施工	Operate运行维护
1	现状建模			
2	成本估算			
3	阶段规划			
4	规划编制			
5	场地分析			
6		设计方案论证		
7		设计创作		
8		节能分析		
9		结构分析		
10		采光分析		
11		机械分析		
12		其他工程分析		
13		绿色建筑评估		
14		规范验证		
15		三维协调		
16			场地施工规划	
17			施工系统设计	
18			数字化建造	
19			三维控制与规划	
20			记录模型	
21				维护计划
22				建筑系统分析
23				资产管理
24				空间管理与跟踪
25				防灾规划

图 3.10　BIM 技术在全生命周期的应用（美国）

命周期的实施程序贯穿在项目管理中。

清晰定义和良好管理的 BIM 实施程序是实现 BIM 效益的重要途径，并且需要项目各参与方在项目全生命周期中都遵守程序，可以避免项目产生不必要的成本和延期。为确保 BIM 的实施对项目进度、成本和绩效产生积极影响，需要一个全面负责的人，这里将其定义为 BIM 项目经理，他必须要确保清楚两个方面：第一，各相关方清晰界定和管理 BIM 流程；第二，各项目参与方的意愿和对项目作出必要的贡献的能力。这对项目经理提出了新的要求，尤其是要具备行业协议和标准方面的知识和经验。

在项目立项与规划层，项目信息需求的开发与确定是最重要的，其与项目需求的开发和确定密切相关，包含了对业主的 BIM 目标和可交付成果的界定与确定。

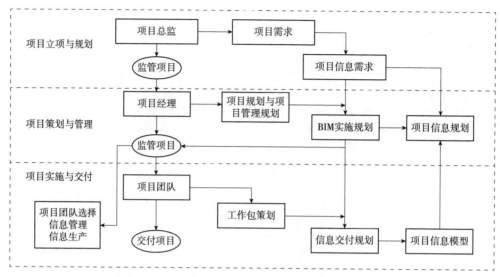

图 3.11 项目与 BIM 组成的生态系统（RICS，2017）

在项目策划与管理层，项目信息需求确认后，就要开始编制与 BIM 实施相关的项目实施规划。项目实施规划对项目团队成员交付项目信息需求的信息技术和人力资源能力进行评估和确定，这些能力的定义与项目信息模型的开发和交付直接相关。BIM 实施规划作为 BIM 管理的驱动力，定义了项目团队将如何交付项目信息需求，需要与项目管理规划有机融合。

在项目实施与交付层，需要制订信息交付计划，对项目所有可交付信息（包括模型、图纸、规范、设备以及进度）进行安排，并对什么时候准备项目信息、谁来准备以及采用何种项目交付模式进行描述。结合项目交付计划，项目经理可以定义整个项目进度及其与 BIM 交付物的联系。BIM 项目经理在全生命周期 BIM 应用中主要要解决的问题见表 3.1。

表 3.1 BIM 项目经理在全生命周期 BIM 应用中主要要解决的问题

项目阶段	BIM 应用环节	BIM 应用中的具体问题
立项、启动等决策阶段	技术与经济可行性分析	BIM 采用问题分析； BIM 采用挑战分析； 概念设计阶段 BIM 模型
设计阶段	价值工程分析	BIM 应用方案决策； 概念设计阶段估算模型； 能耗分析； 设计方案分析
	风险分析	模拟仿真分析； 虚拟现实（VR）； 增强现实（AR）

续表

项目阶段	BIM 应用环节	BIM 应用中的具体问题
施工阶段	进度分析	4D 模拟
	可施工性分析	4D 模拟； 虚拟建造模型； VR； AR
	项目交付模式选择	BIM 技能与能力需求； 基于 BIM 的供应链管理； 约束分析
	工程联系与问题解决	BIM 信息交互； BIM 协调
	变更管理	BIM 信息交互
	监督与控制	4D 和 5D； 约束分析； 进度跟踪； 生产计划
竣工阶段	合同及财务结算	竣工模型
	项目收尾	竣工模型； 资产信息模型
	项目移交	竣工模型； 基于 BIM 的设施管理； 资产信息管理

3.3　基于 BIM 的全过程造价管理分析

我国现行的工程建设管理程序，包括项目建议书、可行性研究报告、施工准备、初步设计、建设实施、生产准备、竣工验收、后评价等 8 个阶段。通常工程师们把具体工作分为几个阶段，工程建设各阶段对应的造价见图 3.12，全过程造价是指为确保建设工程的投资效益，对工程建设从决策阶段到设计阶段、招标投标阶段、施工阶段等的整个过程，围绕工程造价进行的全部业务行为和组织活动。从图 3.10 可以看出，美国的 BIM 技术在全生命周期的应用中。成本测算（即工程造价管理）工作是贯穿始终的，下面结合我国现状，对基于 BIM 技术的全过程造价管理进行阐述。

3.3.1　决策阶段的造价管理

工程项目决策阶段是指工程项目主持方或其委托的工程项目管理单位，针对工程项目主持方的初始工程项目意图，通过对工程项目环境调查和分析，确立和论证工程项目目标及产业发展方向，进行工程项目定义，在明确工程项目功能、规模和标准的基础上，估算

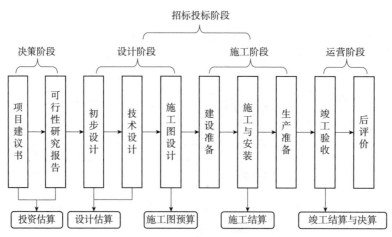

图 3.12　工程建设各阶段对应的造价

工程项目投资，进行投入产出分析，构建融资方案等的一系列工作。在我国的建设程序中，主要包括项目建议书和可行性研究两个阶段。

　　总的来说，工程项目决策策划工作，从明确建设单位需求开始，在综合分析社会环境的基础上，进行工程项目定义，对工程项目进行总体构思和工程项目定位，进一步对工程项目进行功能策划、经济策划、组织管理策划，最终形成对设计的要求文件，并在其决策阶段中运用多种方法和手段从技术、经济、财务、环境和社会影响、可持续发展等多个角度对工程项目进行可行性分析，其中有不断反馈和调整的过程，直至工程项目能够最终通过审核，形成对设计提出要求的文件。

　　在项目投资决策阶段，可以利用以往 BIM 模型的数据，如类似工程每平方米造价是多少，估计出投资一个项目大概需要多少费用。根据 BIM 数据库的历史工程模型进行简单调整，估算项目总投资，提高准确性。

3.3.2　设计阶段的造价管理

　　工程项目设计阶段是根据拟建项目设计的内容和深度，将设计工作分阶段进行。我国目前一般按初步设计和施工图设计两个阶段进行，对于技术复杂而又缺乏经验的项目，可在初步设计后增加技术设计阶段。各个阶段设计是逐步深入和具体化的过程，前一设计阶段完成并经上级部门批准才能进行下一阶段设计。

　　常规做法是，对可行性论证阶段推荐方案进行充分论证和试验，提出具体工程实现步骤和有关工程参数，进行结构设计和大样图设计，提出施工技术、施工组织和安全措施要求，先编制初步设计，进行工程概算，通过评审后，再编制工程施工图文件及说明，进行工程预算。

　　利用历史数据做限额设计的依据，被认为既可以保证设计工程的经济性，又可以保证设计的合理性。但是，多数项目完成后没有进行认真总结，造价数据也没有根据未来限额设计的需要认真地进行整理校对，可信度低。利用 BIM 模型来测算造价数据，一方面可以提高测算的准确度，另一方面可以加大测算的深度。设计完成后，可以利用 BIM 模型快速做出概算，并且核对设计指标是否满足要求，控制投资总额，发挥限额设计的价值。

3.3.3　招标投标阶段的造价管理

招标投标是基本建设领域促进竞争的全面经济责任制形式，以《中华人民共和国招标投标法》和《中华人民共和国政府采购法》的要求为准。一般由若干施工单位参与工程投标，招标单位（建设单位）择优入选，谁的工期短、造价低、质量高、信誉好，就把工程任务承包给谁，由承建单位与发包单位签订合同，一包到底，按交钥匙的方式组织建设。我国招标投标的组织程序和工作环节主要如下。

（1）编制招标文件。建设单位在招标申请批准后，需要编制招标文件，其主要内容包括工程综合说明（工程范围、项目、工期、质量等级和技术要求等）、施工图及说明、实物工程量清单、材料供应方式、工程价款结算办法、对工程材料的特殊要求、踏勘现场日期等。

（2）确定招标控制价。由建设单位组织专业人员按施工图纸并结合现场实际，匡算出工程总造价和单项费用，然后报建设主管部门等审定。招标控制价作为评标的依据，是投标报价的上限值。

（3）进行招标投标。一般分为招标和开标、评标、定标等步骤。

（4）签订工程承包合同。投标人按招标文件规定的内容，与招标人签订包干合同。合同签订后要由有关方面监督执行。可以将合同经当地公证单位公证，受法律监督。

随着工程量清单招标投标在国内建筑市场的普及应用，对于施工单位，由于招标时间紧，多数工程很难对清单工程量进行核实，只能对部分工程、部分子项进行核对，难免出现误差。建设单位可以根据 BIM 模型短时间内快速准确提供招标所需的工程量清单，以避免施工阶段因工程量问题引起的纠纷。

3.3.4　施工阶段的造价管理

施工阶段是基本建设的重要阶段。在施工中必须按照工程设计和施工组织设计以及施工验收规范的要求，保证质量如期完工。与此同时，建设单位应进行其他有关基本建设工作及生产准备工作。国家财政计划确定的施工项目，业主要积极地参与计划安排，对于投资、施工力量、材料设备、设计资料、配套建设、资金来源不落实的问题，积极和有关部门沟通实施。

在招标完成并确定总包方后，会组织由建设单位牵头，施工单位、设计公司、监理单位等参加的一次最大范围的设计交底及图纸审查会议。虽然图纸会审是在招标完成后进行的，大多数问题的解决只能增加工程造价，但是能够在正式施工前解决，可以变更签证，减少返工费用及承包商的施工索赔，而且随着承包商和监理公司的介入，可以从施工及监理的角度审核图纸，及时发现错误和不合理因素。

然而，传统的图纸会审是基于二维平面图纸的，且各专业的图纸分开设计，靠人工检查很难发现问题。利用 BIM 技术，在施工正式开始以前，把各专业整合到统一平台，进行三维碰撞检查，可以发现大量设计错误和不合理之处，从而为项目造价管理提供有效支撑。当然，碰撞检查不单单用于施工阶段的图纸会审，在项目的方案设计、扩大初步设计和施工图设计中，建设单位与设计公司已经可以利用 BIM 技术进行多次图纸审查，因此利用 BIM 技术在施工图纸会审阶段就已经将这种设计错误降到很低的水平了。

另外，建设单位可以利用 BIM 技术合理安排资金，审核进度款的支付。特别是对于设计变更，可以快速调整工程造价，并且关联相关构件，便于结算。

施工单位可以利用 BIM 模型按时间、按工序、按区域算出工程造价，便于成本控制。也可以利用 BIM 模型做精细化管理，例如控制材料用量。材料费在工程造价中往往占有很大的比例，一般占预算费用的 70%、占直接费用的 80% 左右。因此，必须在施工阶段严格按照合同中的材料用量控制，从而有效地控制工程造价。控制材料用量最好的办法就是限额领料，现有施工管理中限额领料手续流程虽然很完善，但是没有起到实际效果，关键是因为领用材料时，审核人员无法判断领用数量是否合理。利用 BIM 技术可以快速获得这些数据，并且进行数据共享，相关人员可以调用模型中的数据进行审核。

施工结算阶段，BIM 模型的准确性保证了结算的快速准确，避免了有些施工单位为了获得较多收入而多计工程量，结算的大部分核对工作在施工阶段完成，从而减少了双方的争议，加快了结算速度。

第4章 工程造价管理基础信息分析

工程造价管理是指综合运用管理学、经济学和工程技术等方面的知识和技能，对工程造价进行预测、计划、控制、核算的过程。工程造价管理涵盖宏观层面的工程建设投资管理，也涵盖微观层面的工程项目费用管理。

4.1 工程造价的构成

4.1.1 工程造价的多次性计价

1. 工程造价的含义

工程造价有两种含义。一是建设工程投资费用管理。它是指为了实现投资的预期目标，在拟定的规划、设计方案的条件下，预测、计算、确定和监控工程造价及其变动的系统活动。二是工程价格管理，属于价格管理范畴。对企业来说，是在掌握市场价格信息的基础上，为实现管理目标而进行的成本控制、计价、定价和竞价的系统活动；对政府方来说，是根据社会经济发展的要求，利用法律手段、经济手段和行政手段对价格进行管理和调控，以及通过市场管理规范市场主体价格行为的系统活动。

从建设工程的投资者来说，工程造价就是项目投资，是"购买"项目要付出的价格，同时也是投资者作为市场供给主体"出售"项目时定价的基础。对于承包商、供应商、设计单位等机构来说，工程造价是他们作为市场供给主体出售商品和劳务的价格的总和，或是特定范围的工程造价，如建筑安装工程造价；对工程造价在实际使用过程中的定义，又需要分两个角度进行理解。

（1）从投资者角度，工程造价是指建设期内预计或实际支出的固定资产投资费用，即建设投资和建设期利息的和。

（2）从市场交易角度，工程造价是指发包、承包交易活动中形成的建筑安装工程费或建设工程总费用，这个是指前述建设投资中的工程费用部分，也是我们常说的建筑安装工程费。

2. 工程造价在项目建设各阶段的多次性计价

建设工程周期长、规模大、造价高，因此要按建设程序分阶段实施，相应地，也要在不同计价阶段多次性计价，以保证工程估价与造价管理的科学性。多次性计价是个逐步深化、逐步细化和逐步接近实际造价的过程，工程造价在项目建设各阶段的多次性计价见图4.1。

（1）投资估算。投资估算是指在建设项目建议书和可行性研究阶段，对拟建项目所需投资，通过编制估算文件预先测算的工程造价。就一个工程项目来说，如果项目建议书和可行性研究分不同阶段，例如分规划阶段、项目建议书阶段、可行性研究阶段、评审阶

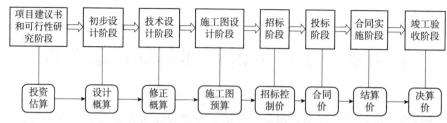

图 4.1　工程造价在项目建设各阶段的多次性计价

段，那么相应的投资估算也分为 4 个阶段。投资估算是决策、筹资和控制造价的主要依据。

（2）设计概算。设计概算指在初步设计阶段，根据设计意图，通过编制工程概算文件预先测算和确定的工程造价。概算造价受估算造价的控制并较估算造价准确。概算造价的层次性十分明显，分工程项目概算总造价、单项工程概算综合造价、单位工程概算造价。

（3）修正概算。修正概算是指在采用三阶段设计的技术设计阶段，根据技术设计的要求，通过编制修正概算文件预先测算和确定的工程造价。它对初步设计概算进行修正调整，比概算造价准确，但受概算造价控制。

（4）施工图预算。施工图预算是指在施工图设计阶段，根据施工图纸，通过编制预算文件预先测算和确定的工程造价。它比概算造价或修正概算造价更为详尽和准确，但同样要受前一阶段所确定的工程造价的控制。

（5）招标控制价。招标控制价是指招标人根据国家或省级、行业建设主管部门颁发的有关计价依据和办法，以及拟定的招标文件和招标工程量清单，结合工程具体情况编制的招标工程的最高投标限价。招标控制价应由具有编制能力的招标人，或受其委托具有相应资质的工程造价咨询人编制。招标控制价反映社会平均水平，为招标人判断投标价是否低于成本提供参考依据。

（6）合同价。合同价是指在工程招标投标阶段通过签订总承包合同、建筑安装工程承包合同、设备材料采购合同，以及技术咨询服务合同确定的价格。合同价属于市场价格，是由承包、发包双方根据市场行情共同议定和认可的成交价格，但它并不等同于实际工程造价。计价方法不同，合同价的内涵也有所不同。现行合同价形式有三种：固定合同价、可调合同价和成本加酬金合同价。

（7）结算价。结算价是指在合同实施阶段，在工程结算时按合同调价范围和调价方法，对实际发生的工程量增减、设备和材料价差等进行调整后计算和确定的价格。结算价是该工程的实际价格。

（8）决算价。决算价是指竣工验收阶段，通过为工程项目编制竣工决算，最终确定的实际工程造价。

由此可见，多次性计价是一个由粗到细、由浅入深、由概略到精确，逐步接近工程实际价格的计价过程，也是一个复杂而重要的管理过程。

4.1.2　建设项目总投资中的工程造价构成

1. 建设项目总投资

建设项目总投资是为完成工程项目建设并达到使用要求或生产条件，在建设期内预计或实际投入的全部费用总和。

　　根据国家发展改革委和建设部发布的《建设项目经济评价方法与参数》(第三版)(发改投资〔2006〕1325 号)的规定，建设项目总投资包括工程费用、工程建设其他费用和预备费三部分。工程费用是指建设期内直接用于工程建造、设备购置及其安装的建设投资，可以分为建筑安装工程费和设备及工器具购置费；工程建设其他费用是指建设期发生的与土地使用权取得、整个工程项目建设以及未来生产经营有关的、构成建设投资但不包括在工程费用中的费用；预备费是在建设期内为各种不可预见因素的变化而预留的可能增加的费用，包括基本预备费和价差预备费。

　　建设项目总投资通常在可行性研究阶段和初步设计阶段使用，是由固定资产投资和流动资金投资两部分组成，见图 4.2。

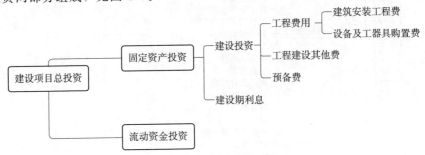

图 4.2　建设项目总投资的组成

　　2. 固定资产投资 (工程造价)

　　固定资产投资是指建设期内预计或实际支出的建设费用。固定资产投资包括建设投资和建设期利息，固定资产投资形成了固定资产、无形资产和其他资产。

　　工程造价是按照确定的建设内容、建设规模、建设标准、功能要求和使用要求等将工程项目全部建成，在建设期预计或实际支出的建设费用。工程造价在量上等于固定资产投资。

$$工程造价＝固定资产投资＝建设投资＋建设期利息$$

　　其中：

$$建设投资＝工程费用＋工程建设其他费＋预备费$$

　　3. 建筑安装工程费 (建安工程费)

　　建筑安装工程费的组成，可以从费用构成要素和造价形成两方面来分类，见图 4.3 和图 4.4。

4.2　工程造价的编制方法

4.2.1　工程造价编制的依据

　　工程造价编制的依据主要包括计价活动的相关规章规程、工程量清单计价和计量规范、工程定额、工程造价信息、企业定额和市场价格信息。

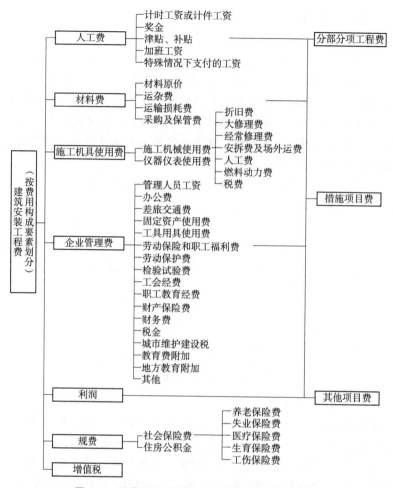

图 4.3　按费用构成要素划分的建筑安装工程费

1. 计价活动的相关规章、规程

现行计价活动相关的规章、规程主要包括建筑工程发包与承包计价管理办法、建设项目投资估算编审规程、建设项目设计概算编审规程、建设项目施工图预算编审规程、建设工程招标控制价编审规程、建设项目工程结算编由规程、建设项目全过程造价咨询规程、建设工程造价咨询成果文件质量标准、建设工程造价鉴定规程等。

2. 工程量清单计价和计量规范

工程量清单计价和计量规范有《建设工程工程量清单计价规范》（GB 50500）、《水利工程工程量清单计价规范》（GB 50501）、《房屋建筑与装饰工程量计算规范》（GB 50854）、《仿古建筑工程量计算规范》（GB 50855）、《通用安装工程量计算规范》（GB 50856）、《市政工程量计算规范》（GB 50857）、《园林绿化工程量计算规范》（GB 50858）、《矿山工程量计算规范》（GB 50859）、《构筑物工程量计算规范》（GB 50860）、《城市轨道交通工程量计算规范》（GB 50861）、《爆破工程量计算规范》（GB 50862）等。

3. 工程定额

工程定额主要指国家、省、有关专业部门制定的各种定额，包括工程消耗量定额和工

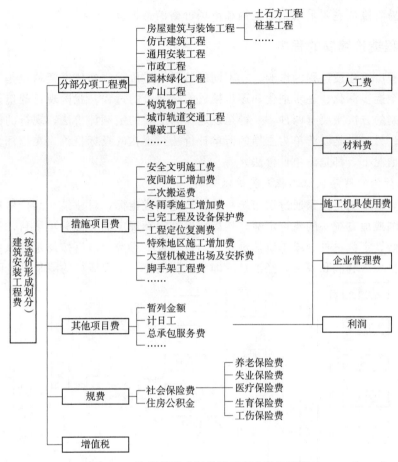

图4.4 按造价形成划分的建筑安装工程费

程计价定额等。

4. 工程造价信息

工程造价信息主要包括价格信息、工程造价指数和已完成的工程信息等。

5. 企业定额

企业定额是施工单位根据本企业的施工技术、机械装备和管理水平编制的人工、施工机械台班和材料等的消耗标准编制的。企业定额在企业内部使用，是企业综合素质的一个标志。企业定额水平一般应高于国家现行定额，才能满足生产技术发展、企业管理和市场竞争的需要。在工程量清单计价方式下，企业定额作为施工企业进行建设工程投标报价的计价依据，正发挥着越来越大的作用。

6. 市场价格信息

工程项目需要的材料主要来源是市场。配合综合单价报价的企业定额，一定要依据市场价格。

从我国现状来看，计价活动的相关规章、规程则根据其具体内容可能适用于不同阶段的计价活动。工程量清单计价是主流方式，主要适用于招标投标阶段和后续施工合同价格管理阶段；工程定额计价主要用于在项目建设前期各阶段对于建设投资的预测和估计；在工程建设交易阶段，主要采用企业定额和市场价格信息报价。

4.2.2　工程造价编制的程序

建设工程由于建设过程的影响，在不同的阶段，造价编制的依据资料也是不同的，多次性计价是个逐步深化、逐步细化和逐步接近实际造价的过程。我国现行的造价管理体制中，造价编制的方法主要有两种：一种是以定额为主导的定额计价法，现行的概算编制都是这种方法；另一种是以清单为主导的清单计价法，现在的投标报价，在招标文件提供工程量清单的情况下，都是清单计价法。

1. 定额计价的程序（以工程概算编制为例）

工程概算的编制是国家通过颁布统一的计价定额或指标，对建筑产品价格进行计价的活动。以全国或地方统一的概算定额，然后按概算定额规定的分部分项子目，逐项计算工程量，套用概算定额单价（或单位估价表）确定直接工程费，最后按规定的取费标准确定措施费、间接费、利润和税金，经汇总后即为工程概算。工程概算的编制程序见图 4.5。

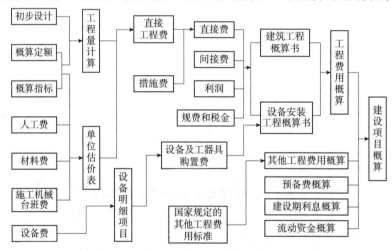

图 4.5　工程概算的编制程序

工程概预算单位价格的形成过程，就是依据概预算定额所确定的消耗量乘以定额单价或市场价，经过不同层次的计算形成相应造价的过程。下面用公式列出工程概算编制的程序：

每一计量单位建筑产品的直接工程费单价＝人工费＋材料费＋机械使用费

其中：　　　　　人工费＝∑（人工工日数量×人工单价）

材料费＝∑（材料用量×材料单价）＋检验试验费

机械使用费＝∑（机械台班用量×机械台班单价）

单位工程直接费＝∑（建筑产品工程量×直接工程费单价）＋措施费

单位工程概算造价＝单位工程直接费＋间接费＋利润＋税金

单项工程概算造价＝单位工程概算造价＋设备及工器具购置费

建设项目概算造价＝∑（单项工程的概算造价＋

预备费＋有关的其他费用）＋流动资金

2. 清单计价的程序

工程量清单计价的过程可以分为两个阶段：工程量清单的编制和工程量清单的应用两个阶段。工程量清单的编制程序见图 4.6，工程量清单的应用过程见图 4.7。

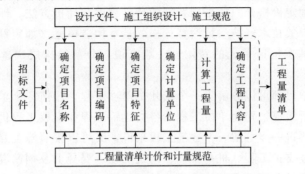

图 4.6　工程量清单的编制程序

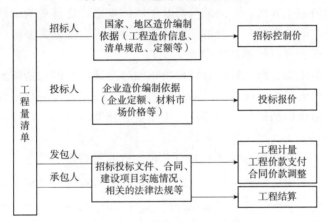

图 4.7　工程量清单的应用过程

工程量清单计价的基本原理可以描述为：按照工程量清单计价规范规定，在各相应专业工程计量规范规定的工程量清单项目设置和工程量计算规则基础上，针对具体工程的施工图纸和施工组织设计计算出各个清单项目的工程量，根据规定的方法计算出综合单价，并汇总各清单合价得出工程总价。

$$分部分项工程费＝\sum（分部分项工程量×相应分部分项综合单价）$$

$$措施项目费＝\sum各措施项目费$$

$$其他项目费＝暂列金额＋暂估价＋计日工＋总承包服务费$$

$$单位工程报价＝分部分项工程费＋措施项目费＋其他项目费＋规费＋税金$$

$$单项工程报价＝\sum单位工程报价$$

$$建设项目总报价＝\sum单项工程报价$$

以上公式中，综合单价是指完成一个规定清单项目所需的人工费、材料和工程设备费、施工机具使用费和企业管理费、利润，以及一定范围内的风险费用。风险费用是隐含于已标价的工程量清单综合单价中，用于化解承包、发包双方在工程合同中约定内容和范围内的市场价格波动风险的费用。

4.2.3　工程计量与工程计价

　　每一个建设项目的建设都需要按业主的特定需要进行单独设计、单独施工，不能批量生产和按整个项目确定价格，只能采用特殊的计价程序和计价方法，即将整个项目进行分解，划分为可以按有关技术经济参数测算价格的基本构造单元（如定额项目、清单项目），这样就可以计算出基本构造单元的费用。一般来说，分解结构层次越多，基本子项也越细，计算也更精确。

　　任何一个建设项目都可以分解为一个或几个单项工程，任何一个单项工程都可以由一个或几个单位工程所组成。作为单位工程的各类建筑工程和安装工程仍然是一个比较复杂的综合实体，还需要进一步分解。就建筑工程来说，又可以按照施工顺序细分为土石方工程、地基处理与边坡支护工程、桩基工程、砌筑工程、混凝土及钢筋混凝土工程、门窗工程、屋面及防水工程等分部工程。分解成分部工程后，从工程计价的角度出发，还需要把分部工程按照不同的施工方法、不同的构造及不同的规格，进行更为细致的分解，划分为更简单细小的部分，即分项工程。分解到分项工程后还可以根据需要进一步划分为定额项目或清单项目，这样就可以得到基本构造单元了。

　　工程造价编制的主要思路，就是将建设项目细分至最基本的构造单元，找到了适当的计量单位及当时当地的单价，就可以采取一定的计价方法，进行分部组合汇总，计算出相应工程造价。工程造价编制的基本原理就在于项目的分解与组合，可以用公式的形式表达如下：

分部分项工程费（单位工程直接费）＝

$$\sum[基本构造单元工程量（定额项目或清单项目）\times 相应单价]$$

　　由此可见，不论是定额计价还是清单计价，基础部分的分部分项工程费或单位工程直接费，可以分为工程计量和工程计价两个主要环节。

　　1. 工程计量

　　工程计量工作包括工程项目的划分和工程量的计算。

　　（1）单位工程基本构造单元的确定，即划分工程项目。在定额计价模式下，编制工程概预算时，主要是按照工程定额进行项目划分的；在清单计价模式下，编制工程量清单时，主要是按照工程量清单计量规范规定的清单项目进行项目的划分的。

　　（2）工程量的计算就是按照工程项目的划分和工程量计算规则，依据施工图设计文件和施工组织设计对分项工程实物量进行计算的。工程实物量是计价的基础，不同的计价依据有不同的计算规则规定。

　　工程量计算规则包括两大类：各类工程定额规定的计算规则，各专业工程计量规范附录中规定的计算规则。

　　2. 工程计价

　　工程计价包括工程单价的确定和工程总价的计算。

　　（1）工程单价的确定。工程单价是指完成单位工程基本构造单元的工程量所需要的基本费用。工程单价包括工料单价和综合单价。

　　1）工料单价也称直接工程费单价，包括人工、材料、机械台班费用，是各种人工消耗量、各种材料消耗量、各类机械台班消耗量与其相应单价的乘积。可用公式表示：

$$工料单价＝人材机消耗量×人材机单价$$

2）综合单价包括人工费、材料费、机械台班费，还包括企业管理费、利润和风险因素。综合单价根据国家、地区、行业定额或企业定额消耗量和相应生产要素的市场价格来确定。

（2）工程总价的计算。工程总价是指经过规定的程序或办法逐级汇总形成的相应工程造价。根据采用单价的不同，总价的计算程序有所不同。

采用工料单价时，在工料单价确定后，乘以相应定额项目工程量，经汇总得出相应工程直接工程费，再按照相应的取费程序计算其他各项费用，汇总后形成相应工程造价。采用综合单价时，在综合单价确定后，乘以相应项目工程量，经汇总即可得出分部分项工程费，再按相应的办法计取措施项目、其他项目、规费项目、税金项目费，各项目费汇总后得出相应工程造价。

4.3 工程造价管理基础信息

通常所说的工程造价管理软件主要包括算量软件、计价软件、投标报价评审软件、项目管理软件等。理论上，这些软件都可以成为 BIM 软件的一部分，但是原有的这些软件都是各自独立的，缺乏信息之间的互相传递，被业界斥为"信息孤岛"。BIM 的软件体系就是要打破这些信息壁垒，使软件之间的信息互相关联，这也是体现 BIM 应用程度的重要衡量标准。这部分内容在 2.2.1 小节"BIM 软件体系"中已有阐述，此处不再赘述。

根据 4.1.2 小节提到的建设项目费用的组成，工程造价的确定过程的重要基础信息主要包括两个：工程量和综合单价，其他的相关影响因素都可以并入其他影响因素。工程造价的这两个重要基础信息是两个关键要素，对项目的工程造价起到影响和决定作用，它们和其他数据之间的关系见图 4.8。

4.3.1 工程计量

通俗来说，工程量即工程的实物数量，是以物理计量单位或自然计量单位所表示各个分项或子分项工程和构配件的数量。工程量是以自然计量单位或物理计量单位表示的各分项工程或结构构件的工程数量。

1. 工程量的类型

在工程建设过程中，工程量是一个使用频率非常高的专业名词，它有多个使用环境，同时表示不完全相同的含义，从造价管理的角度来看，工程量主要包括清单工程量、定额工程量和实体工程量。

（1）清单工程量。清单工程量是依据我国国家标准的清单计价规范（GB50 系列）里的要求编制的，有全国统一的工程量计算规则和计量单位等要求，列出工程项目的分部分项、措施项目、其他项目的清单工程量，按正常情况编制。

工程量清单是载明建设工程分部分项工程项目、措施项目和其他项目的名称和相应数量以及规费、税金项目等内容的明细清单。工程量清单是工程量清单计价的基础，应作为

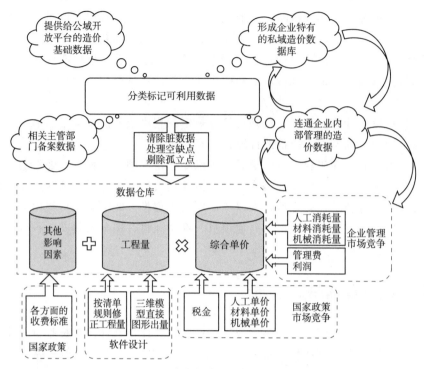

图 4.8　和造价相关的数据之间的关系

编制招标控制价、投标报价、计算工程量、支付工程款、调整合同价款、办理竣工结算以及工程索赔等的依据。

工程量清单中的工程量就是清单工程量，编制时需要依据国家规范，有全国统一的工程量计算规则。工程量清单有全国统一的 12 位编码，理论上说，只要前 9 位编码一致的工程量清单，对应的构件就是同类构件。

（2）定额工程量。定额工程量是指对应某种定额的工程量，但是定额本身种类繁多，有各主管部门发布的，也有各省（直辖市）发布的，而且还有不同设计阶段和不同工程类型的定额。按现行的国家一级造价工程师职业资格考试的专业科目分为土木建筑工程、交通运输工程、水利工程和安装工程 4 个专业类别。这 4 个专业对应的定额也是有全国版和地方版，有概算定额也有预算定额。

定额工程量的计算规则有地方差异性，也有专业差异性，工程量的计量结果上也是有差异的，因而，定额工程量的使用是有局限性的。

（3）实体工程量。对应图纸中的构件的实体工程数量，即工程的图示尺寸工程量。这个定义和不同类别的工程造价的工程量计量规范有关，有的工程类型（如公路工程和水利工程）构件之间交叉较少，主要就是以图示的实体工程量为准。

2. 工程量的编制方法分析

在工程建设的各个阶段中，造价编制方法分为指标法和工程量法。指标法主要依赖历史数据的积累，需要有对应项目的造价指标；工程量法必须要有对应的工程量。估算阶段的造价编制主要是指标法，主要依赖类似工程的造价类比得出；从初步设计的概算开始，造价的编制就需要利用工程量来确定；在预算阶段，工程造价的确定与控制是工程建设的核心，任务之一就是正确、快速地计算工程量。

工程量计算是编制工程预算的基础工作，具有工作量大、烦琐、费时等特点，在没有电脑软件算量的情况下，工程量计算工作占编制整份工程预算工作量的 50%～70%，而且其精确度和快慢程度将直接影响预算的质量与速度。同时，工程量是施工企业编制施工计划、组织劳动力和供应材料、器械的重要依据。因而，正确计算工程量对工程建设各单位加强管理，正确确定工程造价具有重要的现实意义。

工程量计算是造价管理预算编制的基础，BIM 技术的自动算量功能可提升计算的客观性与效率，还可利用三维模型对规则或不规则构建等进行准确计算，也可实时完成三维模型的实体减扣计算，无论是效率、准确率，还是客观性上都有保障。BIM 技术的应用改变了工程造价管理中工程量计算的烦琐复杂，节约了人力、物力及时间资源等，让造价人员可更好地投入高价值工作中，比如做好风险评估与询价工作，编制精度更高的预算等。

BIM 技术在造价管理方面的最大优势体现在工程量统计与核查上。三维模型建立后可自动生成具体工程数据，对比二维设计工程量报表与统计情况来看，可发现数据偏差大量减少。造成如此差异的原因在于，二维图纸计算中跨越多张图纸的工程项目存在多次重复计算的可能性，面积计算中立面面积有被忽略的可能性，线性长度计算中只顾及投影长度等，以上这些都会影响准确性，BIM 技术的介入应用可有效消除此类偏差。

3.BIM 技术中工程量的生成方法

基于 BIM 技术的多维图形算量软件中，我国长期以来依赖定额计价和清单计价，已经形成了一些约定俗成的模式。如何实现设计工程量和实际清单（定额）工程量的匹配，是 BIM 技术在国内推广中的各家软件商在逐步解决的问题。

现有的实现工程量计算的方法主要有建模法和数据导入法。

（1）建模法。通过三维建模软件，直接在电脑中绘制建筑物的各种带信息的构件，如柱、墙、梁、板等构件的模型，软件根据设置的清单和定额工程量计算规则，在充分利用几何数学原理的基础上自动计算工程量。

计算时，可以按条件设定，以任意位置或构件条件，在计算机界面上输入相关构件数据，根据建好的模型计算并输出统计整个建筑的工程量，或者局部的工程量。

（2）数据导入法。将工程图纸的 CAD 电子文档直接导入三维图形算量软件，智能识别工程设计图中的各种建筑结构构件，快速虚拟仿真出建筑。由于不需要重新对各种构件进行绘图，只需定义构件属性和进行构件的转化就能准确计算工程量，极大地提高了算量的工作效率，降低了造价人员的工程计算量。

数据导入法是现在工程量计算软件的主要发展方向。利用三维算量软件的可视化技术建立构件模型，在生成模型的同时提供构件的各种属性变量与变量值，并按计算规则自动计算出构件工程量，将造价人员从繁复、枯燥的工作状态中解放出来。

4.常用 BIM 算量软件比较

算量软件是造价管理 BIM 工具软件中的一个主要组成部分。基于 BIM 技术的算量软件是在中国最早得到规模化应用的 BIM 应用软件，也是最成熟的 BIM 应用软件之一。

算量工作是土木工程建设招标投标阶段最重要的工作之一，对建筑工程建设的投资方及承包方均具有重大意义。在算量软件出现之前，造价工程师需要按照当地计价规则进行手工列项，并依据图纸进行工程量统计及计算，工作量很大。人们总结出分区域、分层、分段、分构件类型、分轴线号等多种统计方法，但工程量统计依然效率低下，并且容易发生错误。

　　基于 BIM 技术的算量软件能够自动按照各地清单、定额规则，利用三维图形技术，进行工程量自动统计、扣减计算，并进行报表统计，大幅度提高了造价工程师的工作效率。按照国内现有的算量软件情况，基于 BIM 技术的常见算量软件比较见表 4.1。

表 4.1　基于 BIM 技术的常见算量软件比较

软件名称	优点	缺点	信息传递能力
美国 Autodesk 公司 Revit	1. 装机率100%； 2. 设计模型直接出量，模型权威性高； 3. 数据准确； 4. 不用翻模	1. 计算规则与国内不同； 2. 报表功能不够强大； 3. 没有批量自动反查功能	传输能力极强，本身就是信息整合的中枢
北京构力 BIMBase 建模软件	1. 国产技术平台，基于 PKPM，适应性强； 2. 国内工程量计算规则； 3. 设计院用户多	1. 基于自有平台"建模＋云平台"，稍欠成熟； 2. 模型初期拆分要求高； 3. 所有模型需要同一平台搭建	国产内核，自主研发；同一平台，数据整合
广联达公司的算量软件	1. 技术实力强，是成熟的广联达软件体系的一部分，与广联达计价、5D 等软件无缝对接； 2. 计算规则全面，清单、定额规则全部包含； 3. 用户基数大	1. 基于自有平台，学习成本高； 2. 从 Revit 导入数据时存在信息丢失的风险； 3. 对模型要求高，自身建模规则在设计院接受程度低	在自有体系内整合能力强，在 Revit 环境中较弱
其他国产算量软件（晨曦、鲁班软件股份有限公司、深圳市斯维尔科技股份有限公司、杭州品茗等）	1. 基于 Revit 开发； 2. 学习成本低，接受程度高； 3. 计算规则全面，清单、定额规则全部包含； 4. 对模型要求不高，能够手动指定对应规则	数据再录入工作量大	传输能力一般，直接操作 Revit 模型，但有很多信息外挂，只有软件自身能读，只能单向接受信息

　　（1）Revit 算量。Revit 自带工程量统计功能，即软件的"工程量明细表"。但是 Revit 的算量规则与我国通行的工程量算量规则差异很大。它的思路是板的优先级最高，而国内的算量规则是板的优先级最低。不同的算量规则导致 Revit 的工程量统计功能只能作为参照，不能直接用于工程计价。

　　（2）BIMBase 算量。BIMBase 平台是中国建筑科学研究院北京构力科技有限公司研发的完全自主知识产权的国产 BIM 基础平台，基于自主三维图形内核 P3D，致力于解决行业信息化领域依赖国外软件问题，实现核心技术自主可控。可满足大体量工程项目的建模需求，实现多专业数据的分类存储与管理及多参与方的协同工作，支持建立参数化组件库，具备三维建模和二维工程图绘制功能。能够提供通用造型能力，包括建模精细化、设计计算、材料清单报表、出施工图等软件产品全流程的功能需要。

（3）广联达算量。广联达计价软件在建筑行业中的优势明显，但算量软件并未形成绝对的优势，广联达 BIM 算量最大的一个特点是基于自有平台制作，这就导致其他格式文件导入广联达算量软件时会存在一定程度的信息丢失，因此，如果是直接基于广联达算量软件建模算量可以实现满足各地区的算量要求的，作为 BIM 软件系列的算量环节，它的工程量软件还是可以实现工程计量的功能的。

（4）其他国产算量软件。

1）鲁班软件股份有限公司（以下简称"鲁班"）算量软件在二维算量软件的基础上进行增量开发，将 Revit 文件或 IFC 文件的几何信息导入鲁班算量软件中，能在同一个算量文件中兼容二维和三维算量。对构件识别也非常灵活，能够手动调整每个识别规则，鲁班算量软件对模型兼容性非常好。

2）深圳市斯维尔科技股份有限公司（以下简称"斯维尔"）的算量软件同时具备土建、机电、钢筋的算量功能，除内建族，基本能保证一般构件均能计算。与鲁班软件思路截然相反，斯维尔是典型的"强规则"思路，需要事先规定了所有可能用到的族，若不在族库里的族，宁可修改设计，也不能随意添加。这种做法适合标准化程度很高的地产商。

3）杭州品茗的 HiBIM 软件是基于 Revit 开发的一个插件，属品茗 BIM 软件体系的一部分。品茗软件在现场施工这一细分市场上的能力最强，甚至能够计算出模板脚手架中钢管、扣件、木板的量。

其他国内的算量软件还有不少，比如晨曦、国泰新点软件股份有限公司比目云等都是基于 Revit 开发的插件，再叠加国内的算量规则加以完善。

4.3.2　工程计价

综合单价主要包括完成一个规定清单项目所需的人工费、材料费（设备费）、工器具机械费用、企业管理费、利润和风险费用。由图 4.8 可以看出，影响综合单价的因素主要有两大类，一类是人工、材料和机械的消耗量（简称人材机消耗量）、企业管理费和利润，这些主要由企业管理和市场竞争来决定；还有一类是人工、材料和机械的价格（简称人材机价格）、税金和规费等，这些主要由国家政策和市场竞争来决定。

1. 企业定额是编制综合单价的基础

企业定额就是指建筑安装企业根据企业自身的管理水平和技术水平，所完成的单位合格产品所消耗的人工、材料、机械台班及其他生产要素的标准。企业定额是企业在投标报价时，编制综合单价的重要依据。现有很多企业在这方面还有差距，在 BIM 技术逐步推广的现在，依据企业定额来编制投标文件中的综合单价，应该是大势所趋。企业定额的编制应遵循以下原则。

（1）企业定额编制需要体现差别性。企业的竞争力是指企业所拥有的独特的能力，企业要把本企业拥有的先进的独特的管理能力和技术水平体现在定额里，对于企业在市场中充分了解市场目标和自身定位有巨大的作用。企业定额编制时应体现先进性原则，大型企业的先进性和小型企业的先进性需要有不同的侧重点，每个企业要找准自身的优势，考虑大多数生产者通过努力可以达到和超过的水平来编制定额。

（2）在编制企业定额时要有以专家为主的原则。编制企业定额需要收集大量的原始数据，要有专业人员通过认真地分析和整理，使这些原始数据转化为编制定额的有效数据，对实践中发生的人工、材料、机械、技术、经济等繁杂材料进行分析，得到项目需要的资料，促使工作有计划、有效率地完成。

（3）定额中要体现新技术、新材料、新工艺、新设备的应用。定额体现企业的技术创新、管理创新，促进企业在实践中更好地进行技术创新和管理创新，使其转化为生产力，提高企业的生产效率，使人工、材料、机械方面消耗量降低，从而降低工程造价，提升企业的竞争能力。充分研究企业的人工、材料、机械消耗量定额，发挥其对企业利用新技术、新材料、新工艺、新设备的推动作用。

（4）企业定额需要动态更新。企业竞争力很大程度上取决于价格的竞争力，降低各种材料的采购成本，加强企业内部管理，降低管理成本，才能真正做到降低综合单价。企业定额反映的是本企业的管理能力、技术水平、成本的消耗，所以通过它计算出的费用是企业实际需要消耗的费用，根据企业定额计算出工程费用有很大的合理性，能有效提高企业在投标报价方面的竞争力。

由此可见，如果有动态的企业定额，结合市场供给情况，作为 BIM 计价部分的组成是很容易实现的。

2.BIM 技术中工程价格的生成方式

工程计价软件是工程造价方面应用很广的软件，但是多数计价软件只能套用现有的定额，而不能积累自己的企业定额，只要能和企业的定额数据交互，就可以实现综合单价中的人工材材、机械价格的实时或指定时间的更新。这方面国内广联达软件做得比较好，其他很多各地的计价软件都能实现计价的基本功能，但是对综合单价中的原始数据的更新不是都能做到的。杭州良忆创社信息科技有限公司开发的"行行云算——网页版智能计价软件"，利用了"云计算＋人工智能"互联网技术，实现了外部材料价格的智能加载，同时能实现企业内部定额的积累，并对特殊项目的定额判断，引入了"专家信任"审核环节，这是一个很大的进步。

4.4 基于 BIM 的造价基础信息传递

基于 BIM 技术的推广和应用，建设项目的各个参与方可以建立包含多方位指标的造价数据库，可将工程项目细致划分到构件级别，一方面是有利于各参与方之间协同工作，便于参与项目的各方成员知晓服务项目的造价信息；另一方面便于将多个不同项目中相同的或标准的构件进行造价的分析。

基于 BIM 造价数据库（含企业定额）的创建方式有两种：一种是将企业已有的项目进行搜集和整理，利用已有项目的数据经验建立基于 BIM 的造价数据库；另一种是根据企业自身的生产力水平，经过测算和评估后组建造价数据库。无论哪种方式建立的数据库，其资源数据均可以进行调整和更新，确保动态的造价信息能客观地反映市场的真实情况，为新建项目的造价管理提供可靠、有效的参考。

基于 BIM 技术的造价控制优势在于，首先，可以利用 BIM 模型进行快速算量和精确算量，避免了造价相关的量和价变化时，造价人员再计算工程量的繁重任务，降低了工作强度，减少工作误差，同时提高了工作效率。其次，利用 BIM 技术可将变更内容关联到 BIM 模型中，而模型变化所带来的工程量的变化可通过模型工程量的提取反映出来，从而直接反映到造价计划中，使造价管理人员可以清楚地看到变更对造价的影响，以便决策是否采纳此变更方案。最后是利用 BIM 技术基于构件级的造价管理，为每个构件分配合理的人工、材料、机械，造价控制贯穿整个建设项目的生命周期，基于 BIM 技术的造价控制涉及不同的项目参与方、不同的项目阶段，在 BIM 管理平台上各方都可以及时掌握项目实施进度，监控项目造价。

4.4.1　造价动态监测的信息

建设项目的造价随着进度的推移不断地变化，影响项目造价的因素也会随着时间的变化而发生动态的变化，而 BIM 技术的特点就是数据更新的动态性，可以对项目造价进行动态的监测。实现基于 BIM 的造价动态监测，则需要将 BIM 模型的工程量数据与造价计划、项目进度关联在一起，也就是将造价信息与进度信息集成到三维模型中，使每个模型构件均与进度和造价相关联，形成 BIM－5D 模型。BIM－5D 模型整合了建筑模型、进度和造价的信息，直观、形象地展示了项目随着进度的变化，资源的使用状况和造价的变化。随着工程的进展和资金的投入使用，项目会产生变更，市场的价格也会发生变化，在项目实施过程中，收集项目的相关数据信息，并及时准确地将项目数据信息反映到 BIM 模型中，运用 BIM 管理平台，对进度、造价等数据信息进行统计整理和运算分析，实时监测、记录造价数据，及时更新 BIM－5D 模型的造价信息。利用 BIM 管理平台，通过 BIM 模型的变化，自动追踪更新实际的工程量，及时录入变更的信息和市场价格，实现对造价的动态监测。

4.4.2　造价对比分析的信息

通过造价动态监测，可以监测到实际造价与计划造价两者之间的偏差，对造价进行对比分析，找出偏差产生的原因，为未来造价预测提供参考的依据，同时为是否采取纠偏措施、纠偏程度的控制奠定基础。

基于 BIM 技术的造价对比分析，可以实现多维度的统计和分析，比如项目的造价计划、项目合同收入、实际造价等的对比分析，通过基于 BIM 的造价动态监测可以方便快捷地得到各个维度的造价数据，将多维度数据进行对比和分析。基于 BIM 的造价分析相较于传统的造价分析更加精细化。

传统的造价分析只在标志进度或项目完成后，对项目整体的实际造价与预算进行对比，分析是否有超支的情况。若项目中两个子项工程分别出现了超出造价计划和节省造价的情况，也会导致项目整体造价不会超出造价计划，但这种情况会存在潜在的风险，可能会导致超支的项目在下个核算期被放大，不利于项目的造价控制。基于 BIM 的造价分析，则可以细化到分项工程、楼层、区域、工序，甚至是构件级别，可以识别出每一个构件的人工、材料、机械等资源的造价情况，从而进行深入的对比分析。若造价有偏差，则需分析是进度原因还是管理原因产生的偏差，查找产生偏差的原因，及时采取措施。

4.4.3 造价预测分析的信息

基于 BIM 的造价对比分析，可以及时并直观地找到偏差产生的位置，找出导致偏差产生的主要原因，依据项目实际管理和实施的情况，可以对项目后期实施产生的造价和造价偏差进行预测，为项目的造价计划后续的实施提供数据支撑。基于 BIM 的造价预测是通过当前进度与造价的数据，结合 BIM 的造价数据库，对未来项目造价进行预测。按照造价因素影响因子，结合 BIM 模型，预测因素对工程项目造价的影响程度，从而预测项目未来造价的变化和测算价目标值。

4.4.4 造价控制措施的信息

针对造价偏差产生的原因和对未来造价的预测分析，选择适当的措施，使造价得到有效的控制。造价偏差产生的原因大致可以分为三个方面。

（1）项目参与各方自身的原因，如业主方的需求增加与变化、资金投入不及时、投资规划不当；设计方的错误漏项，设计参照标准的变化，设计周期短；施工方的施工方案不当，质量、进度改变等问题。

（2）市场物价变动，如材料价格上涨、人工费上调、设备涨价等。

（3）客观环境因素，如自然环境因素、社会环境因素等。

在项目的建设过程中，针对不同的原因，采取相应的纠偏措施。对于业主方，在项目建设前期，利用 BIM 技术将业主的需求模型化、数字化，通过直观可视的 BIM 模型确定业主的需求，减少后期实施过程中业主的需求变化，摒弃不合理的需求方案，若实施过程中业主发生了需求变更，可利用变更后的模型和数据，与原计划的造价目标进行对比，分析造价的变化，为业主的决策提供依据。对于设计方，BIM 技术的三维可视化正向设计，可以避免传统二维设计中的错漏碰缺，真正实现各专业的协同。BIM 模型直观地反映出设计师的设计意图，也便于多方的理解和沟通。对于施工方，运用 BIM 技术将 BIM 模型和施工工序、施工进度结合，对建设项目进行虚拟建造，使施工过程可视化，同时综合协调各个施工队伍的施工顺序，减少施工过程中的作业面"打架"、变更和返工的情况。施工过程中运用 BIM 技术可以将变更与模型关联，同时关联到造价中，使施工方直观地看到变更产生的费用、对造价的影响、引起变更的原因等，若为其他方引起的变更，则可进行合理的索赔；若为自身施工的原因，可在后续施工中采取技术措施避免变更的发生，节约项目造价。当发现某一阶段的造价超出造价计划，实施造价控制措施时，切忌一味地压缩该阶段的造价。对于市场物价变动和客观环境因素带来的造价超支的情况，分析是否可以通过项目的组织管理和先进的施工技术等弥补造价的偏差，若为不可接受的偏差，则由项目造价管控人员利用 BIM 造价管理平台对造价偏差进行统计和分析，对合同外的支出和收入进行及时的录入，并对项目进行结算。

第5章　基于 BIM 技术的工程概算

5.1　初步设计概算

5.1.1　设计概算的概念及作用

1. 设计概算的概念

设计概算是以初步设计文件为依据，按照规定的程序、方法和依据，对建设项目总投资及其构成进行的概略计算。设计概算的成果文件也称为设计概算书，设计概算书是设计文件的重要组成部分，在报批设计文件时，必须同时报批设计概算。采用两阶段设计的建设项目，初步设计阶段必须编制设计概算；采用三阶段设计的建设项目，扩大初步设计阶段必须编制修正概算。

经审核批准后的设计概算是施工图设计控制投资的限额依据。施工图是设计单位的最终产品，也是工程现场施工的主要依据。由于我国的工程建设投资限额采用概算审批制，经批准的工程概算投资额是建设工程项目的最高投资限额，所以设计单位要掌握施工图设计的造价变化情况，要求其严格控制在批准的设计概算内，并有所节余。

设计概算额度的控制、审批、调整应遵循国家、各省（直辖市）地方政府或行业有关规定。如果设计概算值超过项目决策时所确定的投资估算额允许的幅度，以致因概算投资额度变化影响项目的经济效益，使经济效益达不到预定收益目标值时，必须修改设计或重新立项审批。

2. 设计概算的作用

（1）设计概算是编制固定资产投资计划、确定和控制建设项目投资的依据。《国家发展改革委关于印发〈中央预算内直接投资项目概算管理暂行办法〉的通知》（发改投资〔2015〕482 号）规定，编制年度固定资产投资计划，确定计划投资总额及其构成数额，要以批准的初步设计概算为依据，没有批准的初步设计及其概算，该建设工程就不能被列入年度固定资产投资计划。

（2）设计概算是控制施工图设计和施工图预算的依据。设计单位必须按照批准的初步设计和设计概算进行施工图设计，施工图预算不得突破设计概算，如确需突破时，应按规定程序报批。

（3）设计概算是衡量设计方案经济合理性和选择最佳设计方案的依据。设计部门在初步设计阶段要选择最佳设计方案，设计概算是从经济角度衡量设计方案经济合理性的重要依据。

（4）设计概算是编制招标控制价和投标报价的依据。以设计概算进行招标投标的工程，招标人以设计概算作为编制招标控制价及评标定标的依据。投标人也必须以设计概算为依据，编制投标报价，以合适的投标报价在投标竞争中取胜。

（5）设计概算是签订建设工程施工合同和贷款合同的依据。《中华人民共和国民法典》明确规定，建设工程合同价款是以设计概算、预算价为依据，且总承包合同不得超过设计概算的投资额。银行贷款或各单项工程的拨款累计总额不能超过设计概算，如果项目投资计划所列支投资额与贷款突破设计概算时，必须查明原因，之后由建设单位报请上级主管部门调整或追加设计概算总投资，凡未批准之前，银行对其超支部分拒不拨付。

（6）设计概算是考核建设项目投资效果的依据。通过设计概算与竣工结算对比，可以分析和考核投资效果，同时还可以验证设计概算的准确性，有利于加强设计概算管理和建设项目的造价管理工作。

5.1.2　设计概算的编制内容

设计概算可分为单位工程概算、单项工程综合概算和建设项目总概算三级。各级概算之间的相互关系见图 5.1。需要说明的是，不同类别的工程项目在三级概算的分类上基本一致，但是在具体概算编制项目的分类上会有一些差异，为了说明方便，本章后续内容均以北京市房屋建筑工程概算编制为例。

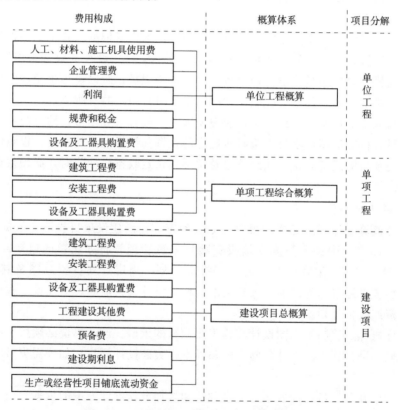

图 5.1　三级概算之间的相互关系和费用构成

1. 单位工程概算

单位工程是指具有独立的设计文件，承包单位可以独立组织施工，但是建成后不能独立发挥生产能力或者使用效益的工程。单位工程概算是确定单位工程建设投资费用的造价文件，它以初步设计文件为依据，是反映各单位工程的工程费用的成果文件，是编制单项工程综合概算的基础，是设计概算书的组成部分。

　　单位工程概算分为建筑工程概算、设备及安装工程概算，见图 5.2。建筑工程概算包括一般土建工程概算，给排水、采暖工程概算，通风、空调工程概算，电气、照明工程概算，弱电工程概算，特殊构筑物工程概算等；设备及安装工程概算包括机械设备及安装工程概算、电气设备及安装工程概算、热力设备及安装工程概算、工器具及生产家具购置费用概算等。

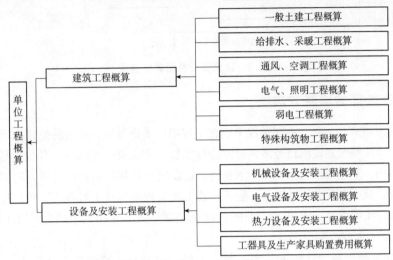

图 5.2　单位工程概算组成

2. 单项工程综合概算

　　单项工程是指具有独立的设计文件，承包单位可以独立组织施工，建成后可以独立发挥生产能力或具有使用效益的工程，是建设项目的组成部分。如生产车间、办公楼、食堂、图书馆、学生宿舍、住宅楼等。单项工程综合概算是确定一个单项工程（设计单元）费用的文件，是建设项目总概算的组成部分。

3. 建设项目总概算

　　建设项目是指按总体规划或总体设计进行建设的，由一个或若干个有内在联系的单项工程组成的工程总和，也称为基本建设项目。

　　建设项目总概算是以初步设计文件为依据，在单项工程综合概算的基础上计算建设项目概算总投资的成果文件。建设项目总概算是建设项目设计概算的最终成果。非生产或非经营性建设项目的建设项目总概算是由各单项工程综合概算、工程建设其他费用概算、预备费概算和建设期利息概算汇总编制而成。生产或经营性建设项目还包括铺底流动资金概算。

　　若干个单位工程概算汇总后成为单项工程综合概算，若干个单项工程综合概算和工程建设其他费用、预备费、建设期利息以及铺底流动资金等概算汇总成为建设项目总概算，见图 5.3。

　　单项工程综合概算和建设项目总概算仅是一种归纳、汇总性文件，因此最基本的计算文件是单位工程概算。

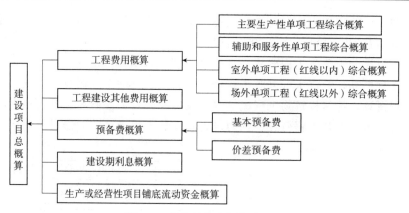

图 5.3 建设项目总概算的组成

5.1.3 设计概算的编制方法

建设项目总概算的编制，一般情况下，在工程项目实施领域，反映的是建设项目固定资产总投资的编制。按照《建设项目经济评价方法与参数》（第三版）的规定，建设项目固定资产总投资由工程费用、工程建设其他费用、预备费、建设期利息和固定资产投资方向调节税（已暂停征收）组成，其中工程费用又包括了建筑安装工程费和设备及工器具购置费。建设工程项目总概算的编制，实际上是完成建设项目中所有单项工程等组成部分的上述费用的计算。

1. 建筑安装工程费的计算

编制单位工程概算的建筑安装工程费，一般采用的是传统的定额计价法。以建筑工程为例，多采用单价法编制单位工程概算建筑安装工程费。计算思路是：根据概算编制地区统一发布的相关专业工程的各概算分项工程定额基价，乘以相应的各概算分项工程的工程量，汇总相加得到单位工程的人工费、材料费和施工机具使用费后，再加上按地区规定程序和方法计算出来的企业管理费、利润、规费和税金，便可得出相应专业单位工程的概算建筑安装工程费。用单价法编制概算建筑安装工程费的主要计算公式为：

单位工程人工、材料、施工机具使用费＝

$$\sum（概算分项工程工程量 \times 相应概算分项工程定额基价）$$

单位工程企业管理费、利润、规费和税金＝

各费用规定的计算基数×各费用规定的费率（税率）

单位工程概算建筑安装工程费＝

人工费＋材料费＋施工机具使用费＋管理费＋利润＋规费＋税金

单价法编制概算建筑安装工程费的步骤见图 5.4。

图 5.4 单价法编制概算建筑安装工程费的步骤

对于相关费用的概算计价标准，下面以北京市为例进行简要介绍。

　　根据 2015 年《北京市建设工程计价依据——概算定额》中《房屋建筑与装饰工程概算定额》分册关于概算工程造价计价的规定，北京市房屋建筑与装饰工程概算建筑安装工程费由人工费、材料费、施工机具使用费、企业管理费、利润、规费和税金构成。其中，房屋建筑与装饰工程费用标准按照规定包括企业管理费、利润、规费、税金。

　　（1）有关规定。

　　1）多跨联合厂房应以最大跨度为依据确定取费标准。单层厂房中分隔出的多层生活间、附属用房等，均按单层厂房的相应取费标准执行。

　　2）多层厂房或库房应按檐高执行公共建筑的相应取费标准。

　　3）单项工程檐高不同时，应以其最高檐高为依据确定取费标准。

　　4）一个单项工程具有不同使用功能时，应按其主要使用功能即建筑面积比例大的确定取费标准。

　　5）独立地下车库按公共建筑 25m 以下的取费标准执行。

　　6）停车楼按公共建筑相应檐高的取费标准执行。

　　7）借用其他专业工程定额子目的，仍执行本专业工程的取费标准。

　　（2）计算规则。

　　1）企业管理费：以相应部分的人工费、材料费、施工机具使用费之和为基数计算。

　　2）利润：以人工费、材料费、施工机具使用费、企业管理费之和为基数计算。

　　3）规费：以人工费为基数计算。

　　4）税金：以人工费、材料费、施工机具使用费、企业管理费、利润、规费之和为基数计算。

　　（3）房屋与建筑装饰工程概算费用标准。北京市房屋建筑与装饰工程概算费用标准见表 5.1～表 5.4。

表 5.1　企业管理费费用标准

序号	项目			计费基数	企业管理费率/%
1	单层建筑	厂房	跨度 18m 以内		8.74
2			跨度 18m 以外		9.94
3		其他			8.40
4	住宅建筑		25m 以下		8.88
5			45m 以下		9.69
6			80m 以下	人工费＋材料费＋施工机具使用费	9.90
7			80m 以上		10.01
8	公共建筑	檐高	25m 以下		9.25
9			45m 以下		10.38
10			80m 以下		10.76
11			120m 以下		10.92
12			200m 以下		10.96
13			200m 以上		10.99

续表

序号	项目	计费基数	企业管理费率/%
14	钢结构	人工费＋材料费＋施工机具使用费	3.81
15	独立土石方		7.10
16	施工降水		6.74
17	边坡支护及桩基础		6.98

表 5.2　利润费用标准

序号	项目	计费基数	费率/%
1	利润	人工费＋材料费＋施工机具使用费＋企业管理费	7.00

表 5.3　规费费用标准

序号	项目	计费基数	费率/%
1	规费	人工费	20.25

表 5.4　税金费用标准

序号	项目	计费基数	费率/%
1	税金	人工费＋材料费＋施工机具使用费＋企业管理费＋利润＋规费	11.00

2. 设备及工器具购置费的计算

设备及工器具购置费由设备购置费和工器具及生产家具购置费组成。

设备购置费是指为建设项目购置或自制的达到固定资产标准的各种国产或进口设备、工具、器具的购置费用。

$$设备购置费＝设备原价＋设备运杂费$$

（1）设备原价。国产设备原价一般指的是设备制造厂的交货价或订货合同价。它一般根据生产厂或供应商的询价、报价、合同价确定。

进口设备原价是指进口设备的抵岸价，通常由进口设备到岸价（CIF）和进口从属费构成。进口设备到岸价，即抵达买方边境港口或边境车站的价格。在国际贸易中，交易双方所使用的交货类别不同，则交易价格的构成内容也有所差异。进口从属费包括银行财务费、外贸手续费、关税、消费税、进口环节增值税等，进口车辆的还需缴纳车辆购置税。

在国际贸易中，较为广泛使用的交易价格术语有 FOB、CFR 和 CIF。

1）FOB（Free On Board），意为装运港船上交货，亦称离岸价格。FOB 是指当货物在指定的装运港越过船舷，卖方即完成交货义务。风险转移以在指定的装运港货物越过船舷时为分界点。费用划分与风险转移的分界点相一致。

2）CFR（Cost and Freight），意为成本加运费，或称为运费在内价。CFR 是指在装运港货物超过船舷后卖方即完成交货，但是卖方还必须支付将货物运至指定的目的港所需的国际运费，但交货后货物灭失或损坏的风险以及由于各种事件造成的任何额外费用，却由卖方转移到买方。与 FOB 相比，CFR 的费用划分与风险转移的分界点是不一致的。

3）CIF（Cost Insurance and Freight），意为成本加保险费、运费，习惯称为到岸价

格。在 CIF 术语中，卖方除负有与 CFR 相同的义务外，还应办理货物在运输途中最低险别的海运保险，并应支付保险费。如买方需要更高的保险险别，则需要与卖方明确地达成协议，或者自行作出额外的保险安排。除保险这项义务外，买方的义务与 CFR 相同。

我国在采购进口设备时，一般情况下依据基于装运港船上交货（FOB）计算进口设备原价，计算公式如下：

进口设备到岸价（CIF）＝离岸价格（FOB）＋国际运费＋运输保险费

进口从属费＝银行财务费＋外贸手续费＋关税＋消费税＋进口环节增值税＋车辆购置税

进口设备抵岸价格＝进口设备到岸价（CIF）＋进口从属费

其中离岸价格（FOB）是指在 FOB 交易术语下设备的购置价格，由设备厂家报价。

国际运费（海、陆、空）＝原币货价（FOB）×运费率

运输保险费＝［原币货价（FOB）＋国际运费］／（1－保险费率）×保险费率

银行财务费＝离岸价格（FOB）×人民币外汇汇率×银行财务费率

外贸手续费＝到岸价格（CIF）×人民币外汇汇率×外贸手续费率

关税＝到岸价格（CIF）×人民币外汇汇率×进口关税税率

消费税＝［到岸价格（CIF）×人民币外汇汇率＋关税］／（1－消费税税率）×消费税税率

进口环节增值税＝［到岸价格（CIF）＋关税＋消费税］×增值税税率

进口车辆购置税＝［到岸价格（CIF）＋关税＋消费税］×车辆购置税率

这里需要说明的是，我国建设工程项目采购进口设备一般不涉及消费税和进口车辆购置税。

（2）设备运杂费。设备运杂费是指所购买的设备在国内的运杂费，通常由设备在国内的运费和装卸费、包装费、设备供销部门的手续费、采购与仓库保管费构成。设备运杂费按设备原价乘以设备运杂费率计算，其公式为：

设备运杂费＝设备原价×设备运杂费率

其中：设备运杂费率按各部门及省（直辖市）有关规定计取。

（3）工器具及生产家具购置费。工器具及生产家具购置费是指新建或扩建项目初步设计规定的，保证初期正常生产必须购置的没有达到固定资产标准的设备、仪器、生产家具和备品备件等的购置费用。一般以设备购置费为计算基数，按照部门或行业规定的工具、器具及生产家具费率计算。计算公式为：

工器具及生产家具购置费＝设备购置费×规定费率

3. 工程建设其他费用的计算

工程建设其他费用是指从工程筹建起到工程竣工验收交付使用止的整个建设期间，除建筑安装工程费用和设备及工器具购置费用以外的，为保证工程建设顺利完成和交付使用后能够正常发挥效用而发生的各项费用，包括建设用地费、与项目建设有关的其他费用和与未来生产经营有关的其他费用。

（1）建设用地费。按照北京市相关规定，工程项目建设用地费主要由土地征用费、拆迁补偿费和城市基础设施建设费组成。相关费用的计算方法按照当地土地管理部门的规定执行，一般可采用所征用、拆迁的土地面积乘以单位单价计算。

（2）与项目建设有关的其他费用。该类别的费用是指为了保证项目的顺利建设，按照

国家、省（自治区、直辖市）的相关规定，发包人在项目实施过程中对项目进行管理、完成与建设项目实施有关的工作，以及在工程前期进行相关工作、办理相关业务所支出的费用。例如，建设管理费、可行性研究费、施工招标投标交易服务费、研究试验费、勘察设计费、工程监理费、环境影响评价费、劳动安全卫生评价费、场地准备及临时设施费等。

一般情况下，这些费用的计算需要按照涉及的相关行业或者部门的规定进行。例如，工程监理费、勘察设计费需要按照监理行业、勘察设计行业的取费规定进行计算；施工招标投标交易服务费、环境影响评价费等需要按照政府相关部门的规定进行计算。

（3）与未来生产经营有关的其他费用。该类别的费用包括生产型项目在项目完成之后，营运初期所支出的相关费用，如生产准备及开办费、联合试运转费等。该项费用按照项目的实际情况预测费用支出即可。

（4）预备费的计算。按我国现行规定，预备费包括基本预备费和价差预备费。

1）基本预备费。基本预备费是指针对在项目实施过程中可能发生的难以预料的支出，需要事先预留的费用。基本预备费又称为工程建设不可预见费，主要指设计变更及施工过程中可能增加工程量的费用。基本预备费一般由以下 3 个部分构成。

a. 在批准的初步设计范围内，技术设计、施工图设计及施工过程中增加的工程费用，设计变更、工程变更、材料替换、局部地基处理等增加的费用。

b. 一般自然灾害造成的损失和预防自然灾害采取的措施费用。实行工程保险的工程项目，该费用应适当降低。

c. 竣工验收时，为鉴定工程质量，对隐蔽工程进行的必要的挖掘和修复费用。

基本预备费是以工程费用和工程建设其他费用二者之和为取费基础，乘以基本预备费费率进行计算，即

基本预备费＝（工程费用＋工程建设其他费用）×基本预备费费率

基本预备费费率的取值应执行国家及相关部门的有关规定。

2）价差预备费。价差预备费是指针对建设项目在建设期间，由于材料、人工、设备等价格可能发生变化引起工程造价变化而事先预留的费用，亦称为价格变动不可预见费。

价差预备费一般根据国家规定的投资综合价格指数，以估算年份价格水平的投资额为基数，采用复利方法计算。计算公式为

$$PF = \sum_{i=1}^{n} I_i \left[(1+f)^m (1+f)^{0.5} (1+f)^{i-1} - 1 \right]$$

式中　PF——价差预备费；

　　　n——建设期年份数；

　　　I_i——建设期中第 i 年的投资计划额，包括工程费用、工程建设其他费用及基本预备费，即第 i 年的静态投资；

　　　f——年均投资价格上涨率；

　　　m——建设前期年限（从编制估算起到开工建设止）。

（5）建设期利息的计算。建设期利息包括向国内银行和其他非银行金融机构贷款、出口信贷、外国政府贷款、国际商业银行贷款以及在境内外发行债券等在建设期间应计的贷款利息。

当总贷款是分年均衡发放时，建设期利息的计算可按当年贷款在年中支用考虑，即当

年贷款按半年计息，上年贷款按全年计息。计算公式为

$$Q = \sum_{j=1}^{n} \left(P_{j-1} + \frac{1}{2} A_j \right) i$$

式中　Q——建设期利息；

　P_{j-1}——建设期第 $j-1$ 年末累计贷款本金与利息之和；

　A_j——建设期第 j 年贷款金额；

　i——年利率。

5.1.4　设计概算的审查

1. 设计概算审查的作用

（1）有利于合理分配投资资金，加强投资计划管理，有助于合理确定和有效控制工程造价。设计概算编制偏高或偏低，不仅影响工程造价的控制，也会影响投资计划的真实性，影响投资资金的合理分配。

（2）有利于促进概算编制单位严格执行国家有关概算的编制规定和取费标准，从而提高概算的编制质量。

（3）有利于促进设计的技术先进性与经济合理性。概算中的技术经济指标是概算的综合反映，与同类工程对比，便可看出它的先进与合理程度。

（4）有利于核定建设项目的投资规模，使建设项目总投资力求做到准确、完整，防止任意扩大投资规模或出现漏项，从而减少投资缺口，缩小概算与预算之间的差距；避免故意压低概算投资，搞"钓鱼"项目，最后导致实际造价大幅度地突破概算。

（5）有利于为建设项目投资的落实提供可靠依据。打足投资，不留缺口，有助于提高建设项目的投资效益。

2. 设计概算审查的内容

（1）审查设计概算的编制依据。

1）审查编制依据的合法性。采用的各种编制依据必须经过国家和授权机关的批准，符合国家有关的编制规定，未经批准的不能采用。不能强调情况特殊，擅自提高概算定额、指标或取费标准。

2）审查编制依据的时效性。各种编制依据（如定额、指标、价格、取费标准等）都应依据国家有关部门的现行规定（注意有无调整或新的规定），如有调整或新的规定，应按新的调整办法或规定执行。

3）审查编制依据的适用范围。各种编制依据都有规定的适用范围，如各主管部门规定的各种专业定额及其取费标准，只适用于该部门的专业工程；各地区规定的各种定额及其取费标准，只适用于该地区范围内。特别是地区的材料预算价格区域性更强，如某市有该市区的材料预算价格，又编制了郊区内一个矿区的材料预算价格，在编制该矿区某工程概算时，应采用该矿区的材料预算价格。

（2）审查设计概算的编制深度。

1）审查编制说明。审查编制说明，可以检查概算的编制方法、深度和编制依据等最大原则问题，若编制说明有差错，则具体概算必有差错。

2）审查编制深度。一般大中型项目的设计概算应有完整的编制说明和"三级概算"（即建设项目总概算表、单项工程综合概算表、单位工程概算表），并按有关规定的深度进行编制。审查是否有符合规定的"三级概算"，各级概算的编制、核对、审核是否按规定签署，有无随意简化，有无把"三级概算"简化为"二级概算"等。

3）审查编制范围及具体内容。审查概算的编制范围及具体内容是否与主管部门批准的建设项目范围及具体工程内容一致；审查分期建设项目的实施范围及具体工程内容有无重复交叉，是否重复计算或漏算；审查其他费用应列的项目是否符合规定，静态投资、动态投资和经营性项目铺底流动资金是否分别列出等。

（3）审查设计概算的编制内容。

1）审查设计概算的编制是否符合国家的方针、政策，是否根据工程所在地的自然条件编制。

2）审查建设规模（投资规模、生产能力等）、建设标准（用地指标、建筑标准等）、配套工程、设计定员等是否符合原批准的可行性研究报告或立项批文的标准。对建设项目总概算投资超过批准投资估算 10%以上的，应查明原因，重新上报审批。

3）审查编制方法、计价依据和程序是否符合现行规定，包括定额或指标的适用范围和调整方法是否正确；补充定额或指标的项目划分、内容组成、编制原则等是否与现行定额的要求相一致等。

4）审查工程量是否正确。工程量的计算是否根据初步设计图纸、概算定额工程量计算规则进行，是否结合了工程项目所在地区的实际情况，有无多算、重算和漏算，尤其是对工程量大、造价高的项目，要重点审查。

5）审查材料用量和价格，审查主要材料（钢材、木材、水泥、砖）的用量数据是否正确，材料预算价格是否符合工程所在地的价格水平，材料价差调整是否符合现行规定及其计算是否正确等。

6）审查设备规格、数量和配置是否符合设计要求，是否与设备清单相一致，设备预算价格是否真实，设备原价和设备运杂费的计算是否正确，非标准设备原价的计价方法是否符合规定，进口设备的各项费用组成及其计算程序、方法是否符合国家主管部门的规定。

7）审查建筑安装工程各项费用的计取是否符合国家或地方有关部门的现行规定，计算程序和取费标准是否正确。

8）审查单项工程综合概算、建设项目总概算的编制内容和方法是否符合现行规定和设计文件的要求，有无设计文件外项目，有无将非生产性项目以生产性项目列入。

9）审查总概算文件的组成内容，是否完整地包括了建设项目从筹建起到竣工投产止的全部费用组成。

10）审查工程建设其他费用项目。这部分费用内容多、弹性大，占项目总投资的15%～25%，要按国家和地区规定逐项审查，不属于总概算范围的费用项目不能列入概算，具体费率或取费标准是否按国家、行业有关部门的规定计算，有无随意列项，有无多列项、交叉列项和漏项等。

11）审查项目的"三废"治理。拟建项目必须同时安排"三废"（废水、废气、废渣）的治理方案和投资，对于未作安排或漏项、多算、重算的项目，要按国家有关规定核实投资，以保证"三废"排放达到国家标准。

12）审查技术经济指标。技术经济指标的计算方法和程序是否正确，综合指标和单项指标与同类型工程指标相比是偏高还是偏低，其原因是什么，并予以纠正。

13）审查投资经济效果。设计概算是初步设计经济效果的反映，要按照生产规模、工艺流程、产品品种和质量，从企业的投资效益和投产后的运营效益出发，全面分析其是否达到了先进可靠、经济合理的要求。

3. 设计概算审查的基本方法

（1）对比分析法。对比分析法主要是通过建设规模、标准与立项批文对比，工程数量与设计图纸对比，综合范围、内容与编制方法、规定对比，各项取费与规定标准对比，人工、材料价格与统一信息价格对比，引进设备、技术投资与报价要求对比，技术经济指标与同类工程对比等，发现设计概算存在的主要问题和偏差。

（2）查询核实法。查询核实法是对一些投资额相对较大的关键设备和设施、重要生产装置等，若存在图纸不全或者难以核算的情况时，进行多方查询核对，逐项落实的方法。主要设备的市场价向设备供应商查询核实，重要生产装置、设施向同类企业（工程）查询了解，引进设备价格及有关费税向进出口公司调查落实，复杂的建筑安装工程向同类工程的项目参与方征求意见，深度不够或不清楚的问题直接同原概算编制人员、设计者询问清楚。

（3）联合会审法。联合会审前，可先采取多种形式分头审查，包括设计单位自审，主管、建设、承包单位初审，工程造价咨询公司评审，邀请同行专家预审，审批部门复审等，经层层审查把关后，由有关单位和专家进行联合会审。在会审大会上，由设计单位概算编制部门介绍概算编制情况及有关问题，各有关单位、专家汇报初审、预审意见；然后进行认真分析、讨论，结合对各专业技术方案的审查意见所产生的投资增减，逐一核实概算出现的问题；经过充分协商，认真听取设计单位意见后，实事求是地处理和调整。

对审查中发现的问题和偏差，首先按照单位工程概算、单项工程综合概算、建设项目总概算的顺序，按设备费、安装工程费、建筑工程费和工程建设其他费分类整理；然后按照静态投资、动态投资和铺底流动资金三大类，汇总核增或核减的项目及其投资额；最后将具体审核数据按照"原编概算""增减投资""增减幅度""调整原因"4栏列表，并按照原总概算表汇总顺序将增减项目逐一列出，相应调整所属项目投资合计，再依次汇总审核后的总投资及增减投资额。对于差错较多、问题较大或不能满足要求的，责成编制单位按审查意见修改后，重新报批。

5.1.5　设计概算的调整

设计概算批准后，一般不得调整。但由以下原因引起的设计和投资变化，可以调整概算，并应严格按照调整概算的有关程序执行。

（1）超出原设计范围的重大变更。凡涉及建设规模、产品方案、总平面布置、主要工艺流程、主要设备型号与规格、建筑面积、设计定员等方面的修改，必须由原批准立项单位认可，原设计审批单位复审，经复核批准后方可变更。

（2）超出预备费规定的范围，属于不可抗拒的重大自然灾害引起的工程变动或费用增加。

（3）超出预备费规定的范围，属于国家重大政策性变动因素引起的调整。

由于上述原因需要调整概算时，应由建设单位调查分析变更原因并报原概算审批部门，审批同意后，由原设计单位概算编制部门核实并编制调整概算，并按有关审批程序报批。由于第一个原因（设计范围的重大变更）而需要调整概算时，还需要重新编制可行性研究报告，经论证、评审以及审批后，才能调整概算。建设单位（项目业主）自行扩大建设规模、提高建设标准等而增加的费用不予调整。

需要调整概算的工程项目，影响工程概算的主要因素已经清楚，工程量完成一定量后方可进行调整，一个工程只允许调整一次概算。

调整概算的编制深度、要求、文件组成及表格形式同原设计概算。调整概算还应对工程概算调整的原因作详尽分析和说明，所调整的内容在调整概算总说明中要逐项与原批准概算对比，并编制调整前后概算对比表，分析主要变更原因；当调整变化内容较多时，调整前后概算对比表以及主要变更原因分析应单独成册，也可以与设计文件调整原因分析一起编制成册。在上报调整概算时，应同时提供原设计的批准文件、重大设计变更的批准文件、工程已发生的影响工程投资的主要设备和大宗材料采购合同等，作为调整概算的附件。

5.2 基于 BIM 技术的工程概算

5.2.1 编制过程举例

本书以广联达云计价平台 GCCP5.0 为例说明基于 BIM 技术的概算编制办法。GCCP5.0 的概算编制，采用了概算编制方法中相对精确的"概算定额法"来编制建设工程项目的设计概算。

编制建设项目设计概算的方法是，先利用软件编制建设工程建筑安装工程费，在此基础上完成一类费用中的设备购置费、二类费用（工程建设其他费用）以及三类费用（预备费、建设期利息、经营性铺底流动资金等）的概算费用计算及概算编制，实现了完全依靠GCCP5.0 软件编制完整的建设项目设计概算。软件编制概算的思路见图 5.5。

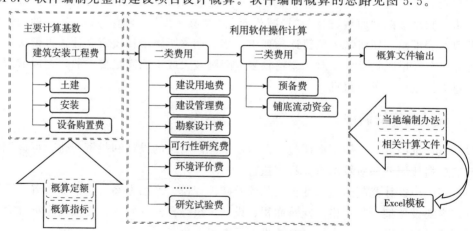

图 5.5 软件编制概算的思路

在 GCCP5.0 软件概算模块中，软件嵌入了全国各地概算定额和概算编制方法，并根据不同省份对概算编制要求的不同进行了明确区别，一是实现了不同省份利用 GCCP5.0 软件编制概算的需要；二是解决了造价人员在编制外地建设项目设计概算时，需要调取当地概算定额，查询当地与概算编制相关的文件、规定的情况。

利用 GCCP5.0 软件编制建设项目设计概算，基本的编制流程见图 5.6。

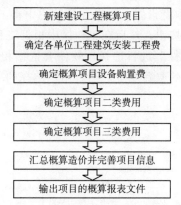

图 5.6　软件编制建设项目设计概算流程

5.2.2　操作过程介绍

1. 第一步：新建概算建设项目

GCCP5.0 软件新建概算建设项目，遵循建设工程单位工程→单项工程→建设项目的三级概算项目管理体制，充分反映了建设工程项目概算造价的层次性、概算造价的组合性计价特点。新建概算的三级项目见图 5.7。

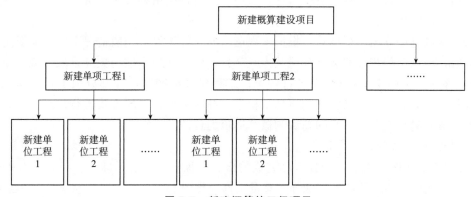

图 5.7　新建概算的三级项目

不同项目的单项工程构成不同，要根据建设项目的实际情况自行建立。"定额标准"必须准确输入，新建项目完成后不能更改。

2. 第二步：确定各单位工程建筑安装工程费用

这个环节比较复杂，需要完成多个步骤：取费设置→编制分部分项工程的概算→导入工程量→套取概算定额单价→调整价格→确定措施费→编制其他费用→汇总单位工程概算。

（1）取费设置。按照《住房城乡建设部、财政部关于印发〈建筑安装工程费用项目组成〉的通知》（建标〔2013〕44 号）的规定，建筑安装工程费按照造价的形成划分，由人工费、材料费、施工机具使用费、企业管理费、利润、规费和税金构成。按照计价规定，企业管理费、利润、安全文明施工费、规费和税金的计算方式为"计算基数×费率"。因此，在进行建筑安装工程费计价之前，应首先根据工程的实际情况，对这些费用的取费费率进行设置。

在 GCCP5.0 软件中进行取费设置，可以在导航栏中将工作界面切换到建设项目界面，在该界面下单击"取费设置"按钮，然后在工作区中根据工程项目的实际情况对建筑与装饰工程和安装工程的"取费条件"进行选择，软件会依据相应地区对企业管理费、利润、安全文明施工费、规费和税金的取费规定，结合用户选择的取费条件，自动确定相关费用的费率，见图 5.8。

图 5.8　进行取费设置

需要说明的是，在软件初始默认的取费条件下，相应费用的费率为黑色字体显示；当用户对取费条件中的相关信息进行更改后，软件会根据更改的信息内容自动变更与之相关的取费费率，并用红色字体显示，表示需要用户注意，该项费率与默认相比发生了变化。另外，用户也可以通过"查询费率信息"按钮，手动查询相关费用的费率，并在工作区手动输入该费用的费率。

（2）编制分部分项工程概算。根据工程造价的计价流程，一般情况下，当需要进行概算计价时，单位工程相应的分部分项及措施项目工程量已经通过相关算量软件或者手工计算得出。因此，GCCP5.0 软件在进行各单位工程概算编制时，分部分项工程及措施项目概算计价一般采用"导入已完成的概算工程量＋补充工程量"的方式进行，从而实现与已有工程量资料进行交互，并且快速编制概算造价的目的。

1）导入已完成的概算工程量。

GCCP5.0 软件提供了 3 种导入已完成的概算工程量的方法，即导入 Excel 文件、导入外部工程和导入算量文件，见图 5.9。

a. 导入 Excel 文件，是指将已经完成的概算工程量汇总表（Excel 文件）中的工程量数据导入 GCCP5.0 软件中，通过软件自动识别并辅助人工手动识别表中数据的方式，完成相应单位工程的概算分部分项及措施项目工程量的输入。软件需要导入的工程量表的内容主要包括项目的定额编码、项目名称、项目计量单位和定额工程量。

图 5.9　导入已完成的概算工程量的方法

需要注意：单位工程在进行概算造价编制时，建筑安装工程费计价采用的是定额计价模式，因此所导入的 Excel 概算工程量汇总表中的各项目定额必须与 GCCP5.0 软件所选择概算定额一致，否则，软件将无法识别 Excel 概算工程量汇总表中相应项目的编码和名称。

b. 导入算量文件，是指将 GCCP5.0 软件与某算量软件（如 GCL、GQI 等）实现交互，将算量软件中的定额项目工程量直接导入 GCCP5.0 软件中，完成相应单位工程的概算分部分项及措施项目工程量的输入。

这里需要注意的是，由于各自软件开发商数据文件的特点，一般只能导入指定格式的文件，本软件导入文件需注意：①GCCP5.0 软件目前所支持的算量文件主要包括某 GCL 土建算量文件、某 GQI 安装算量文件等文件格式；②所导入的算量文件必须经过汇总计算并且保存；③概算目前采用的是定额计价模式，因此所导入的算量文件必须采用定额计价模式；④所导入的算量文件的专业和所采用的概算定额必须与 GCCP5.0 软件一致，否则，软件无法导入算量文件。

c. 导入外部工程，是指将利用 GCCP5.0 软件做好的单位工程概算导入新的基于 GC-CP5.0 软件所做的概算工程中。当建设项目较大，所含单项工程、单位工程较多，需要多人分块协作完成时，采用该导入方法可以实现将不同编制人员各自利用 GCCP5.0 软件完成的单位工程概算进行汇总整合，具体操作方法这里不再赘述。

2）概算人工费、材料费、施工机具使用费汇总及材差调整。

这里主要利用定额基价计算，但是也有一些材料价格需要调整的，软件提供三种调整方式，见图 5.10。

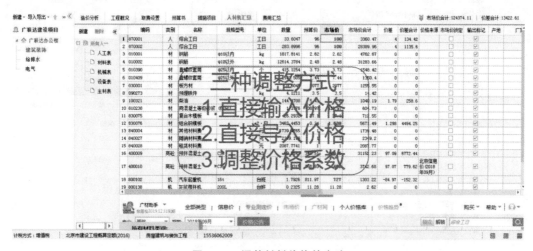

图 5.10　调整材料价格的方法

3）编制措施项目。

措施费分为组织措施费和技术措施费，在 GCCP5.0 软件中显示为措施费 1 和措施费 2。

组织措施项目（措施费 1）是指在现行的国家、地区工程量计算规定中无工程量计算规则，在概算计价中以"计算基础乘以费率"或者"总价"计算费用的措施项目。其计算方式见图 5.11。组织措施项目费包括安全文明施工费、夜间施工增加费、非夜间施工照明、二次搬运费、冬雨季施工增加费、地上地下设施建筑物的临时保护设施费和已完工程及设备保护费等。

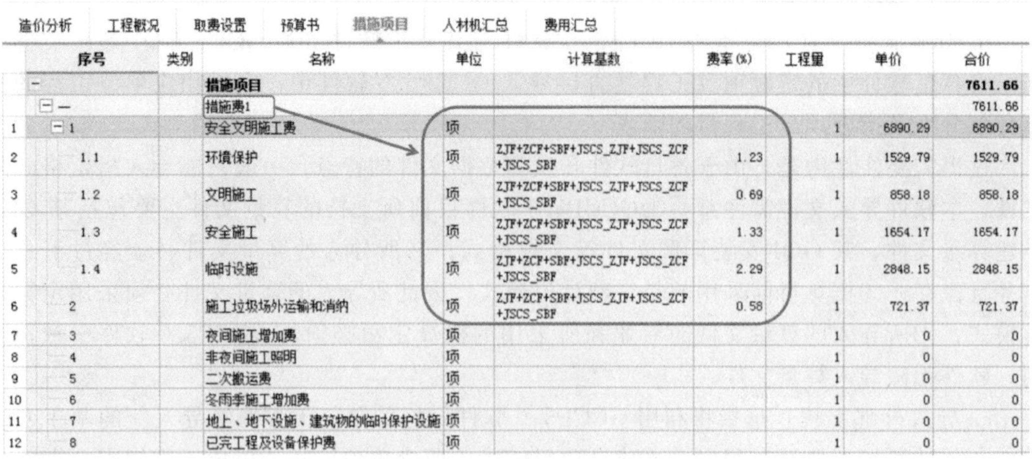

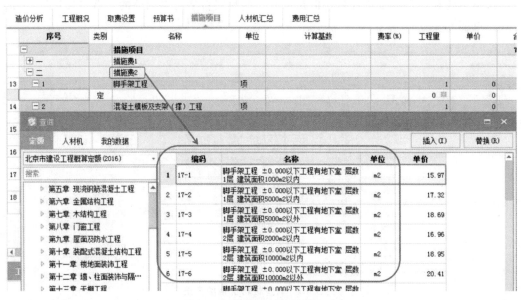

图 5.11 措施费 1 的计算基数

技术措施费（措施费 2）是指能够指根据工程设计图纸和计价依据中明确工程量计算规则，计算对应的定额工程量，进而套取相应概算定额计算价款。其计算方式见图 5.12。

图 5.12 措施费 2 的计算方式

4）编制其他费用。

按照《北京市建设工程计价依据——预算定额（2012 年）》中房屋建筑与装饰工程费用标准的规定，企业管理费、利润、规费和税金均以"计算基础×费率"的方式进行计算。

5）汇总单位工程建筑安装工程费用。

在上述计算数据的基础上，汇总单位工程建筑安装工程费，见图 5.13。

造价分析　工程概况　取费设置　预算书　措施项目　人材机汇总　**费用汇总**　　　　　　　　　　　⊙ 费用汇总文件：建筑与装{

序号	费用代号	名称	计算基数	基数说明	费率(%)	金额	费用类别	备注	输出
1	1 / A	人工费+材料费+施工机具使用费	ZJF+ZCF+SBF+CSXMHJ+JSCS_ZCF+JSCS_SBF	直接费+主材费+设备费+措施项目合计+技术措施项目主材费+技术措施项目设备费		117,740.72	直接费		✓
2	1.1 / A1	其中：人工费	RGF+JSCS_RGF	人工费+技术措施项目人工费+组织措施项目人工费		30,480.38			✓
3	1.2 / A2	其他材料费+其他机具费	QTCLF+QTJXF	其他材料费+其他机械费		3,169.70			✓
4	1.3 / A3	设备费	SBF+JSCS_SBF	设备费+技术措施项目设备费		0.00	设备费		✓
5	2 / B	调整费用	A2	其他材料费+其他机械费	0	0.00			✓
6	3 / C	零星工程费	A+B	人工费+材料费+施工机具使用费+调整费用	0	0.00	零星工程费		✓
7	4 / D	企业管理费	A + B + C	人工费+材料费+施工机具使用费+调整费用+零星工程费	8.88	10,455.38	企业管理费	按不同工程类别、不同缴高取不同的费率	✓
8	5 / E	利润	A + B + C + D	人工费+材料费+施工机具使用费+调整费用+零星工程费+企业管理费	7	8,973.73	利润		✓
9	6 / F	规费	F1 + F2	社会保险费+住房公积金费		6,172.27	规费		✓
10	6.1 / F1	社会保险费	A1	其中：人工费	14.76	4,498.90	社会保险费	社会保险费包括：基本医疗保险基金、基本养老保险费、失业保险金、工伤保险基金、残疾人就业保障金、生育保险。	✓
11	6.2 / F2	住房公积金费	A1	其中：人工费	5.49	1,673.37	住房公积金费		✓
12	7 / G	税金	A + B + C + D + E + F	人工费+材料费+施工机具使用费+调整费用+零星工程费+企业管理费+利润+规费	11	15,767.63	税金		✓
13	8	工程造价	A + B + C + D + E + F + G	人工费+材料费+施工机具使用费+调整费用+零星工程费+企业管理费+利润+规费+税金		159,109.73	工程造价		✓

图 5.13　汇总单位工程建筑安装工程费

3. 第三步：确定设备购置费

建设投资中的工程费用除了建设项目中的各单项工程的建筑安装工程费外，还需要计算设备及工器具购置费。设备及工器具购置费包括国内设备购置费、国外设备购置费和工器具及生产家具购置费

（1）国内设备购置费。

国内设备购置费＝设备的原价（出厂价、供应价、交货价等）＋设备的运杂费

需要注意，国内设备购置费的计算需要区分设备的交货方式：如果是在厂家指定地点交货（如在生产厂家厂部或者销售点），则计算购置费时需要在软件中输入该设备的运杂费费率，软件会自动计算设备运杂费；如果是在买方指定地点交货，则国内设备的原价中已经包含了运杂费，此时不应再在软件中输入运杂费费率，国内设备购置费与设备原价相等。

图 5.14　进口设备单价计算器

（2）国外设备购置费。这个计算相对复杂，软件提供了进口设备单价计算器，见图 5.14。

国外设备购置费＝进口设备的到岸价＋进口从属费用＋国内运杂费

其中：

进口设备的到岸价＝FOB 离岸价＋国际运费＋运输保险费

进口从属费用＝银行财务费＋外贸手续费＋进口关税＋进口环节增值税

进口设备的原价＝设备抵岸价＝设备的到岸价＋进口从属费用

（3）工器具及生产家具购置费。

工器具、生产家具购置费＝

设备购置费（包括国内设备购置费和国外设备的购置费）×相应的费率

4. 第四步：确定二类、三类费用

建设项目的二类、三类费用是指和工程相关的建设工程其他费用及一些动态投资。具体软件里的二类费用是指构成建设工程固定资产总投资的工程建设其他费用；三类费用是指预备费、建设期利息和铺底流动资金等费用。

(1) 二类费用。《建设项目经济评价方法与参数》(第三版) 将除工程费用、预备费和建设期利息外的所有发包人需要为工程顺利实施而支出的各项费用全部列支在工程建设其他费用，导致该费用中的费用子目众多、计算方法各异。

但综合来看，工程建设其他费用的计算方法可以归结为 3 种："基数×费率""数量×单价"和"总价"，软件设置了不同的计算方式，见图 5.15。

项目信息 | 概算汇总 | 取费设置 | 设备购置费 | 建设其他费 | 人材机汇总 | 调整概

	编码	费用代码	名称	单位	计算方式	
1	⊟		工程建设其他费用			
2	⊟ 一	A	建设用地费用			
3	1	A1	土地征用费	元	单价 * 数量	
4	2	A2	拆迁补偿费	元	单价 * 数量	
5	3	A3	城市基础设施建设费	元	单价 * 数量	
6	⊟ 二	B	工程前期费用			
7	1	B1	可行性研究费	元	手动输入	
8	2	B2	工程勘察费	元	计算基数 * 费率	1(
9	3	B3	工程设计费	元	单价 * 数量	
10	4	B4	七通一平的费用	元	单价 * 数量	
11	5	B5	其它费用	元	单价 * 数量	
12	⊞ 三	C	与建设项目有关的费用			
40	⊟ 四	D	与生产经营相关其他费用			
41	1	D1	生产准备及开办费	元	单价 * 数量	
42	2	D2	联合试运转费	元	单价 * 数量	
43	3	D3	其他费用	元	单价 * 数量	

图 5.15 工程建设其他费用的计算方法

(2) 三类费用。三类费用需要依据不同的"取费基数"进行计算，见图 5.16。

项目信息 | 概算汇总 | 取费设置 | 设备购置费 | 建设其他费 | 人材机汇总

	序号	概算	费用代号	名称	取费基数	取费基数说明
1	⊞ 1		A	工程费用		
7	2		B	工程建设其他费用	GCJSQTF	工程建设其他费用
8	⊟ 3		C	三类费用	C1 + C2 + C3 + C4	预备费+固定资产投资方向调节税+建设期贷款利息+铺底流动资金
9	⊟ 3.1		C1	预备费	C1_1 + C1_2	基本预备费+价差预备费
10	3.1.1		C1_1	基本预备费	A + B	工程费用+工程建设其他费用
11	3.1.2		C1_2	价差预备费		
12	3.2		C2	固定资产投资方向调节税		
13	3.3		C3	建设期贷款利息		
14	3.4		C4	铺底流动资金		
15	4		D	静态总投资	A+B+C1_1	工程费用+工程建设其他费用+基本预备费
16	5		E	动态总投资	D+C1_2+C3	静态总投资+价差预备费+建设期贷款利

图 5.16 三类费用的取费基数

5. 第五步：汇总概算造价并完善项目信息

概算总投资是工程建设项目的最高总投资额，概算编制的准确性直接影响投资人的投资决策和工程在建设过程中的投资控制。所以，当完成整个建设项目的概算投资总额编制后，需要检查概算编制过程中各项费用计算的准确性，见图 5.17。

6. 第六步：输出概算报表文件

概算报表文件输出见图 5.18。

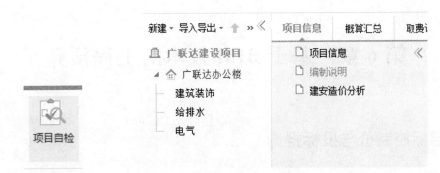

图 5.17 项目自检和编制说明

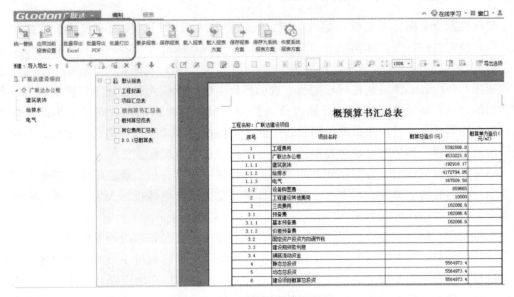

图 5.18 概算报表文件输出

第6章　基于 BIM 技术的工程预算

6.1　招标控制价与投标报价

6.1.1　招标控制价与投标报价的区别

招标控制价是招标人根据国家或省级、行业建设主管部门颁发的有关计价依据和办法，以及拟定的招标文件和招标工程量清单，结合工程具体情况编制的招标工程的最高投标限价。《建设工程工程量清单计价规范》（GB 50500—2013）规定，国有资金投资的建设工程招标，招标人必须编制招标控制价。投标报价主要是投标人对拟建工程所要发生的各种费用的计算。同时规范规定，投标报价是投标人投标时报出的工程造价。由此可以看出，招标控制价是对投标报价的限制价，因此，招标控制价又称为最高投标限价，是投标报价的最高上限，如果超过这个控制价，投标文件将被视为废标。

招标控制价应该由具有编制能力的招标人或受其委托具有相应资质的工程造价咨询人员编制，其内容的准确性、严密性由招标人负责；投标报价则是投标人为进行投标而编制的报价，其内容由投标人负责。

相对而言，招标控制价主要依据国家或省级、行业建设主管部门颁发的有关计价依据和办法进行编制，其中的各项费用依据规定不可调整。而投标报价由投标人自主确定，但必须执行《建设工程工程量清单计价规范》（GB 50500—2013）的强制性规定；投标人的投标报价不得低于成本；投标报价要以招标文件中设定的承发包双方责任划分，作为考虑投标报价费用项目和费用计算的基础，承发包双方的责任划分不同，其合同风险的分摊也不同，从而导致投标人选择不同的报价。

6.1.2　招标控制价的编制

1. 招标控制价的编制依据

（1）《建设工程工程量清单计价规范》（GB 50500—2013）。

（2）国家或省级、行业建设主管部门颁发的计价定额和计价办法。

（3）建设工程设计文件及相关资料。

（4）拟定的招标文件及招标工程量清单。

（5）与建设项目相关的标准、规范、技术资料。

（6）施工现场情况、工程特点及常规施工方案。

（7）工程造价管理机构发布的工程造价信息，工程造价信息没有发布的，参照市场价。

（8）其他的相关资料。

2．招标控制价编制的注意事项

（1）使用的计价标准、计价政策应是国家或省级、行业建设主管部门颁发的计价定额、计价办法和相关政策规定。

（2）采用的材料价格应是工程造价管理机构通过工程造价信息发布的材料单价，工程造价信息未发布材料单价的，其材料价格应通过市场调查确定。

（3）国家或省级、行业建设主管部门对工程造价计价中费用或费用标准有规定的，应按规定执行。

3．招标控制价的编制内容

（1）分部分项工程费。分部分项工程费应根据招标文件中分部分项工程量清单的项目特征描述及有关要求，按规定确定的综合单价进行计算。综合单价应包括招标文件中要求投标人承担的风险费用。计算综合单价，管理费和利润可根据人工费、材料费、施工机具使用费之和按照一定的费率取费计算。招标文件提供了暂估单价的材料，按暂估的单价计入综合单价。

（2）措施项目费。措施项目费应按招标文件中提供的措施项目清单确定，采用分部分项工程综合单价形式进行计价的工程量，应按措施项目清单中的工程量并按规定确定综合单价；以"项"为单位计价的，如安全文明施工费、夜间施工费、二次搬运费、冬雨季施工费，都是以人工费为基数乘以相应的费率计算。措施项目费中的安全文明施工费应按照国家或省级、行业建设主管部门的规定计价，不得作为竞争性费用。

（3）其他项目费。其他项目费应按下列规定计价。

1）暂列金额。暂列金额由招标人根据工程特点，按有关计价规定进行估算确定。为保证工程建设的顺利实施，在编制招标控制价时，应对施工过程中可能出现的各种不确定因素对工程造价的影响进行估算，列出一笔暂列金额。暂列金额可以根据工程的复杂程度、设计深度、工程环境条件（包括地质、水文、气候条件等）进行估算，一般可按分部分项工程费的 10%～15%作为参考。

2）暂估价。暂估价包括材料暂估单价、工程设备暂估单价和专业工程暂估价。暂估价中的材料、工程设备暂估价应根据工程造价管理机构发布的工程造价信息或参考市场价格估算；暂估价中的专业工程暂估价应分不同专业，按有关计价规定估算。

3）计日工。计日工包括计日工人工、材料和施工机具。在编制招标控制价时，对计日工中的人工单价和施工机械台班单价，应按省级、行业建设主管部门或其授权的工程造价管理机构公布的单价计算；材料应按工程造价管理机构发布的工程造价信息中的材料单价计算，工程造价信息未发布材料单价的，其材料价格应按市场调查确定的单价计算。

4）总承包服务费。招标人应根据招标文件中列出的内容和向总承包人提出的要求，参照下列标准计算总承包服务费。

a．招标人要求对分包的专业工程进行总承包管理和协调时，按分包的专业工程估算造价的 1.5%计算。

b．招标人要求对分包的专业工程进行总承包管理和协调，并同时要求提供配合服务时，根据招标文件中列出的配合服务内容和提出的要求，按分包的专业工程估算造价的 3%～5%计算。

c. 招标人自行供应材料的，按招标人供应材料价值的 1% 计算。

（4）规费和税金。招标控制价的规费和税金必须按照国家或省级、行业建设主管部门的规定计算。

6.1.3 投标报价的编制

1. 投标报价的编制依据

（1）《建设工程工程量清单计价规范》（GB 50500—2013）。

（2）国家或省级、行业建设主管部门颁发的计价办法。

（3）企业定额，国家或省级、行业建设主管部门颁发的计价定额。

（4）招标文件、工程量清单及其补充通知、答疑纪要。

（5）建设工程设计文件及相关资料。

（6）施工现场情况、工程特点及拟定的投标施工组织设计或施工方案。

（7）与建设项目相关的标准、规范等技术资料。

（8）市场价格信息或工程造价管理机构发布的工程造价信息。

（9）其他的相关资料。

2. 投标报价的编制原则

（1）投标报价由投标人自己确定，但是必须执行《建设工程工程量清单计价规范》（GB 50500—2013）的强制性规定。

（2）投标人的投标报价不得低于工程成本。

（3）投标人必须按招标工程量清单填报价格。

（4）投标报价要以招标文件中设定的承发包双方责任划分，作为设定投标报价费用项目和费用计算的基础。

（5）投标报价应以施工方案、技术措施等作为投标报价计算的基本条件。

（6）报价方法要科学严谨、简明适用。

3. 投标报价的编制内容

（1）分部分项工程费。分部分项工程的工程量依据招标文件中提供的分部分项工程量清单所列内容确定，综合单价中应包含招标文件要求的投标人承担的风险费。投标报价以工程量清单项目特征描述为准，确定综合单价的组价。

1）分部分项工程综合单价编著的步骤和方法如下。

a. 确定计算基础。主要包括消耗量的指标和生产要素的单价。

b. 分析每一清单项目的工程内容。确定依据为项目特征描述、施工现场情况、拟定的施工方案、《建设工程工程量清单计价规范》（GB 50500—2013）中提供的工程内容以及可能发生的规范列表之外的特殊工程内容。

c. 计算工程内容的工程数量与清单单位含量。每一项工程内容都应根据所选定额的工程量计算规则计算其工程数量。当定额的工程量计算规则与清单的工程量计算规则相一致时，可直接以工程量清单中的工程量作为工程内容的工程数量。

d. 当采用清单单位含量计算人工费、材料费、施工机具使用费时，还需要计算每一计量单位的清单项目所分摊的工程内容的工程数量，即清单单位含量。

2）编制分部分项工程综合单价时的注意事项。

a. 以项目特征描述为依据。当招标文件中分部分项工程量清单的项目特征描述与设计图纸不符时，投标人应以分部分项工程量清单的项目特征描述为准。

b. 材料暂估价的处理。其他项目清单中的暂估单价材料，应按其暂估的单价计入分部分项工程量清单项目的综合单价中。

c. 应包括承包人承担的合理风险。

d. 根据工程承发包模式，考虑投标报价的费用内容和计算深度，以施工方案、技术措施等作为投标报价计算的基本条件；以反映企业技术和管理水平的企业定额作为计算人工、材料和机械台班消耗量的基本依据；充分利用现场考察、调研成果、市场价格信息和行情资料编制投标报价。

（2）措施项目费。措施项目费中的安全文明施工费按国家或省级、行业建设主管部门规定计价，不得作为竞争性费用。对其他措施项目，投标报价时，投标人可以根据工程实际情况，结合施工组织设计对招标人所列的措施项目进行增补。

（3）其他项目费。暂列金额由招标人填写，投标报价时，投标人按照招标人列项的金额填写，不允许改动。

专业工程暂估价按不同专业进行设定。投标报价时，专业工程暂估价完全按照招标人设定的价格计入，不能进行调整。

计日工的单价由投标人自主报价，用单价与招标工程量清单相乘，即可得出计日工费用。

总承包服务费应由投标人视招标范围，招标人供应的材料、设备情况，招标人暂估材料、设备价格情况，参照下列标准计算：招标人仅要求对分包的专业工程进行总承包管理和协调时，按分包的专业工程造价（不含设备费）的 1.5%～2% 计算；招标人要求对分包的专业工程进行总承包管理和协调，并同时要求提供配合服务时，根据招标文件中列出的配合服务内容和提出的要求，按分包的专业工程造价的 3%～5% 计算。

（4）企业管理费和利润。企业管理费和利润应根据企业年度管理费收支和利润标准以及企业的发展要求，同时考虑本项目的投标策略综合确定。随着合理低价中标的逐步推行，市场竞争日趋激烈，企业管理费和利润率可在一定范围内进行调整。

4. 投标报价编制的注意事项

（1）基础数据准确性及可竞争性。投标编制人员不仅要熟悉业务知识，而且要富有管理经验，还要全面理解招标文件的内容。基础数据的可竞争性是指报价中所列材料费、人工费、机械费的单价有可竞争性。

（2）投标报价的确定。最终报价的确定是能否中标的关键，也是企业中标后获利的关键。未中标，则前期的一切经营成果等于"零"；中标后，报价低、利润小，可能出现亏损，给企业增加经济负担。因此，投标报价的确定不仅是投标报价过程，而且是企业决策过程。

5. 投标报价的技巧

常用投标报价技巧有不平衡报价法、扩大标价法、逐步升级法、突然袭击法、先亏后盈法、多方案报价法、增加建议方案法等。在投标报价编制过程中，结合项目特点及企业自身状况，选取恰当的报价技巧，以争取更高的中标率。

下面以不平衡报价法为例，介绍其报价方法。

在工程投标报价中，在投标总价不变的情况下，每个综合单价的高低要根据具体情况来确定，即通常所说的不平衡报价。通过不平衡报价，投标人对分部分项报价作适当调整，从而使承包商尽早收回工程费用，增加流动资金，同时尽可能获取较高的利润。以下几点意见可供参考。

（1）预计工程量会增加的分部分项工程，其综合单价可提高一些；工程量可能减少的，其单价可适当降低一些。

（2）能够早收到钱款的项目，如土方、基础等，其单价可定得高一些，以提早收回工程款，利于承包商的资金周转。后期的工程项目单价，如粉刷、油漆、电气等，可适当降低一些。

（3）图纸不明确或有错误的，估计今后要修改或取消的项目，其单价可适当降低一些。

（4）没有工程量，只报单价的项目，由于不影响投标总价，其单价可适当提高，今后若出现这些项目时，则可获得较多的利润。

（5）计日工和零星施工机械台班/小时单价报价时，可稍高于工程单价中的相应单价，因为这些单价不包括在投标价格中，发生时按实际计算。

在投标报价时，根据招标项目的不同特点采取不同的投标报价技巧。对于施工难度高但可操控的项目，可适当抬高报价；对于施工技术含量低的项目，则可以适当降低报价。

投标报价的技巧来自经验的总结和对工作的熟悉，这就要求我们不断地从投标实践活动中去总结和积累。

总之，招标控制价和投标报价无论从编制委托还是编制内容上都是不一样的，招标控制价更注重政策及法规要求；而投标报价除了按照现行计价要求，还需要从企业的实际情况和施工组织方案出发，但不能突破招标控制价。

6.2 工程量清单的生成

6.2.1 工程量清单的编制主体

《建设工程工程量清单计价规范》（GB 50500—2013）规定，"工程量清单应由具有编制招标文件能力的招标人，或受其委托具有相应资质的中介机构进行编制"，同时明确"工程量清单"应作为招标文件的组成部分。

工程量清单是对招标投标双方具有约束力的重要文件，是招投标活动的重要依据。由于工程量清单的专业性较强、内容较复杂，所以需要具有较高业务技术水平的专业技术人员进行编制。因此，一般来说，工程量清单应由具有编制能力的经过国家注册的造价工程师和具有工程造价咨询资质并按规定的业务范围承担工程造价咨询业务的中介机构进行编制。工程量清单封面上必须要有注册造价工程师签字并盖执业专用章。

6.2.2 工程量清单的编制内容

一个拟建项目的全部工程量清单主要包括分部分项工程量清单、措施项目清单和其他项目清单 3 个部分。

分部分项工程量清单是表明拟建工程的全部分项实体工程名称和相应数量的清单。分部分项工程量清单的编制，首先要实行"五要素、四统一"的原则，"五要素"即项目编码、项目名称、项目特征、计量单位、工程量计算规则；"四统一"即统一项目编码、统一项目名称、统一计量单位、统一工程量计算规则。在"四统一"的前提下编制清单项目。

措施项目清单是为完成分项实体工程而必须采取的一些措施性清单，包括单价措施清单和总价措施清单。单价措施主要是技术类的措施项目，比如脚手架、模板、垂直运输等，单价措施清单的编制方法同分部分项工程量清单的编制，该部分清单由招标人提供。总价措施包括安全文明施工、夜间施工、二次搬运等，总价措施清单编制时按照规范规定列出项目编码、项目名称等，以"项"为单位列出。

其他项目清单包括暂列金额、专业工程暂估价、计日工和总承包服务费。其中，暂列金和专业工程暂估价由招标人根据工程特点列出项目名称、计量单位和金额；计日工列出项目名称、计量单位和暂估数量；总承包服务费列出服务项目及内容。

6.2.3　工程量清单编制的注意事项

（1）分部分项工程量清单编制要求数量准确，避免错项、漏项。因为投标人要根据招标人提供的工程量清单进行报价，如果工程量不准确，报价也不可能准确。所以，工程量清单编制完成以后，除编制人要反复校核外，还必须要由其他人审核。

（2）随着建设领域新材料、新技术、新工艺的出现，《建设工程工程量清单计价规范》（GB 50500—2013）附录中缺项的项目，编制人可以作补充。

（3）《房屋建筑与装饰工程工程量计算规范》（GB 50854—2013）附录中的 9 位编码项目，有的涵盖面广，编制人在编制清单时要根据设计要求仔细分项。其宗旨是使清单项目名称具体化，项目划分清晰，以便于投标人报价。

编制工程量清单是一项涉及面广、环节多、政策性强、对技术和知识要求高的技术经济工作。编制人必须精通《房屋建筑与装饰工程工程量计算规范》（GB 50854—2013），认真分析拟建工程的项目构成和各项影响因素，多方面接触工程实际，才能编制出高水平的工程量清单。

6.2.4　工程量清单相关说明

《中华人民共和国简明标准施工招标文件》（2012 年版）第五章列明了工程量清单格式。

1. 工程量清单说明

工程量清单是根据招标文件中包括的、有合同约束力的图纸以及有关工程量清单的国家标准、行业标准、合同条款中约定的工程量计算规则编制。约定计量规则中没有的子目，其工程量按照有合同约束力的图纸所标示尺寸的理论净量计算。计量采用中华人民共和国法定计量单位。工程量清单应与招标文件中的投标人须知、通用合同条款、专用合同条款、技术标准和要求及图纸等一起阅读和理解。工程量清单仅是投标报价的共同基础，实际工程计量和工程价款的支付应遵循合同条款的约定和第七章"技术标准和要求"的有关规定。

2. 投标报价说明

工程量清单中的每一子目须填入单价或价格，且只允许有一个报价。工程量清单中标价的单价或金额，应包括所需的人工费、材料费和施工机具使用费，以及企业管理费、利润和一定范围内的风险费用等。工程量清单中投标人没有填入单价或价格的子目，其费用视为已分摊在工程量清单中其他相关子目的单价或价格之中。

6.2.5 工程量清单的纠偏

在《建设工程施工合同（示范文本）》（GF－2013—0201）的通用条款 1.13 条及《建设工程工程量清单计价规范》（GB 50500—2013）第 9.5 节和第 9.6 节，专门针对工程量清单缺项及工程量偏差作出了相关规定。

1. 工程量清单缺项

合同履行期间，出现招标工程量清单项目缺项的，发包、承包双方应调整合同价款。招标工程量清单中出现缺项，造成新增分部分项工程量清单项目的，应按照《建设工程工程量清单计价规范》（GB 50500—2013）第 9.3.1 条的规定确定单价，调整分部分项工程费。由于招标工程量清单中分部分项工程出现缺项，引起措施项目发生变化的，应按照《建设工程工程量清单计价规范》（GB 50500—2013）第 9.3.2 条的规定，在承包人提交的实施方案被发包人批准后，计算调整的措施费用。

2. 工程量偏差

合同履行期间，当应该计算的实际工程量与招标工程量清单出现偏差，且符合《建设工程工程量清单计价规范》（GB 50500—2013）第 9.6.2 条、第 9.6.3 条规定时，发包、承包双方应调整合同价款。对于任一招标工程量清单项目，如果因第 9.6.2 条规定的工程量偏差和第 9.6.3 条规定的工程变更等导致工程量偏差超过 15%时，可进行调整。调整原则为：当工程量增加 15%以上时，其增加部分的工程量的综合单价应予调低；当工程量减少 15%以上时，减少后剩余部分的工程量的综合单价应予调高。如果工程量出现第 9.6.2 条的变化，且该变化引起相关措施项目相应发生变化，如按系数或单一总价方式计价的，工程量增加的措施项目费调增，工程量减少的措施项目费调减。

6.3 基于 BIM 技术的工程预算编制

计算机技术在建筑行业的广泛应用，为建筑行业的成本预算带来了全新的成本控制管理办法。BIM 技术以其模拟性、准确性、可视化、协调性等方面的优势在工程预算中得到了广泛应用，并发挥了重要的作用。

对造价编制人员来说，预算文件主要是工程量清单、招标控制价和投标报价。总体分析，工程预算文件的编制主要包括工程计量和工程计价两部分内容，现阶段，BIM 技术这两方面的软件都有不少，但是还缺少能够和各种软件互通的数据传递方式，现阶段有少部分软件可以实现建模出工程量再计价，比如广联达、斯维尔等，但是它们的计量计价软件都有一定局限性。

下面针对工程预算编制，介绍分别使用工程计量和工程计价两类软件的情况。

6.3.1 基于 BIM 的工程计量

项目背景：位于福建省的一家省级医院，规划用地面积为 123133m²，总建筑面积约为 180163.17m²，其中新建建筑总建筑面积 177200m²（地上建筑面积为 119490m²，地下建筑面积为 57710m²），建筑层数为地上 16 层、地下 2 层。建筑总高度为 69.00m（室外地面至建筑屋面女儿墙顶），规划高度为 74.41m（室外地面至建筑屋面）。其中，医技楼 A 区、B 区为框架剪力墙结构；地下室、门诊楼、急诊楼、生活综合楼、液氧站和污水处理站垃圾站为框架结构。

项目利用晨曦 BIM 智能建模软件，快速创建模型，解决了手工操作中的名称定义、截面形状定义、尺寸输入、平面定位、标高设置等烦琐问题。该软件可以智能识别设计院提供的 CAD 图纸上的二维图形信息，能快速建模并导出土建、钢筋、安装三个类别的工程量。

1. 快速建模——土建部分

能快速识别 CAD 图纸的内容，并能自动生成柱、墙、梁、板、二次构件等主体项目，见图 6.1~图 6.3。

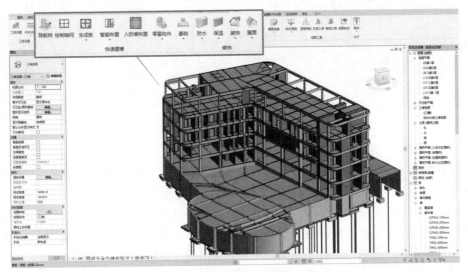

图 6.1　土建主体建模

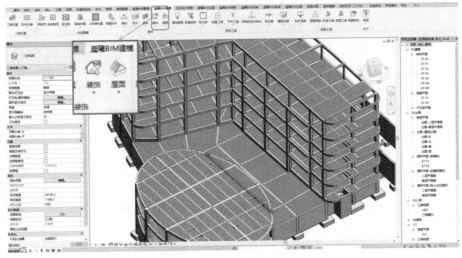

图 6.2　装饰部分建模

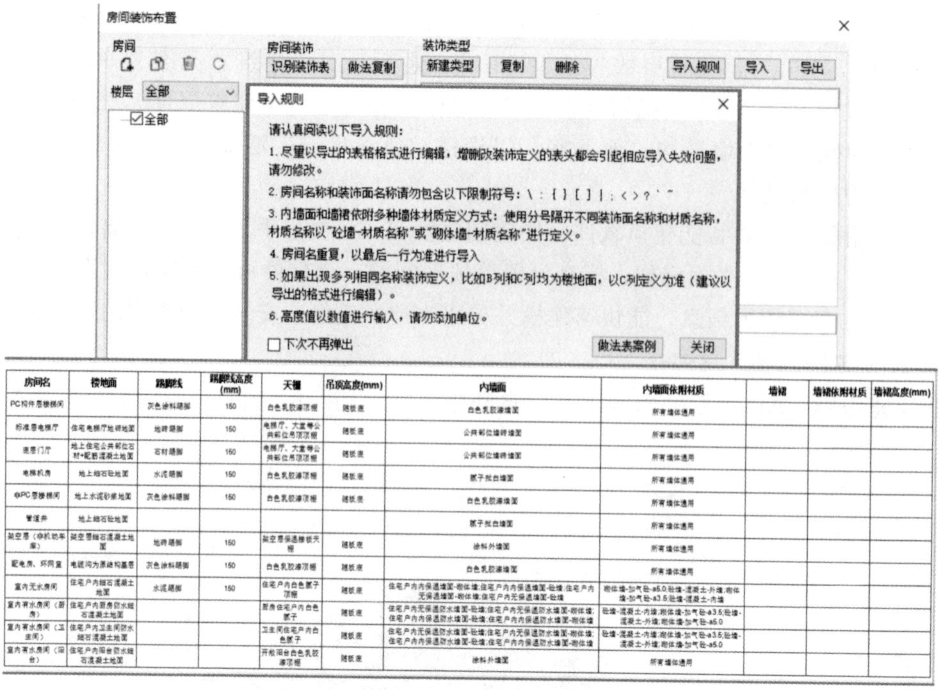

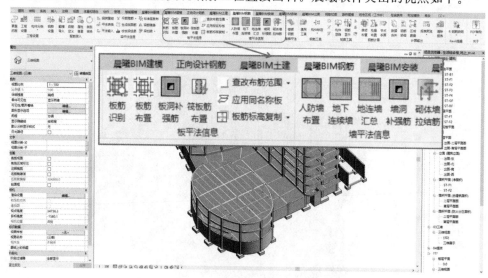

房间名	楼地面	踢脚线	踢脚线高度(mm)	天棚	吊顶高度(mm)	内墙面	内墙面依附材质	墙裙	墙裙依附材质	墙裙高度(mm)
PC构件层楼梯间		灰色涂料踢脚	150	白色乳胶漆顶棚	随板底	白色乳胶漆墙面	所有墙体通用			
标准层电梯厅	住宅电梯厅地砖地面	地砖踢脚	150	电梯厅、大堂等公共部位吊顶顶棚	随板底	公共部位墙砖墙面	所有墙体通用			
首层门厅	地上住宅公共部位石材+配筋混凝土地面	石材踢脚	150	电梯厅、大堂等公共部位吊顶顶棚	随板底	公共部位墙砖墙面	所有墙体通用			
电梯机房	地上细石砼地面	水泥踢脚	150	白色乳胶漆顶棚	随板底	腻子批白墙面	所有墙体通用			
非PC层楼梯间	地上水泥砂浆地面	灰色涂料踢脚	150	白色乳胶漆顶棚	随板底	白色乳胶漆墙面	所有墙体通用			
管道井	地上细石砼地面					腻子批白墙面	所有墙体通用			
架空层（非机动车库）	架空层细石混凝土地面	地砖踢脚	150	架空层保温楼板天棚	随板底	涂料外墙面	所有墙体通用			
配电房、环网室	电缆沟为原结构基层	灰色涂料踢脚	150	白色乳胶漆顶棚	随板底	白色乳胶漆墙面	所有墙体通用			
室内无水房间	住宅户内细石混凝土地面	水泥踢脚	150	住宅户内白色腻子顶棚	随板底	住宅户内内保温墙面-砌体墙;住宅户内内保温墙面-砼墙;住宅户内无保温墙面-砌体墙;住宅户内无保温墙面-砼墙	砌体墙-加气砼-a5.0;砼墙-混凝土-外墙;砌体墙-加气砼-a3.5;砼墙-混凝土-内墙			
室内有水房间（厨房）	住宅户内厨房防水细石混凝土地面			厨房住宅户内白色腻子	随板底	住宅户内无保温防水墙面-砼墙;住宅户内无保温防水墙面-砌体墙;住宅户内内保温防水墙面-砼墙;住宅户内内保温防水墙面-砌体墙	砼墙-混凝土-内墙;砌体墙-加气砼-a3.5;砼墙-混凝土-外墙;砌体墙-加气砼-a5.0			
室内有水房间（卫生间）	住宅户内卫生间防水细石混凝土地面			卫生间住宅户内白色腻子	随板底	住宅户内无保温防水墙面-砼墙;住宅户内无保温防水墙面-砌体墙;住宅户内内保温防水墙面-砼墙;住宅户内内保温防水墙面-砌体墙	砼墙-混凝土-内墙;砌体墙-加气砼-a3.5;砼墙-混凝土-外墙;砌体墙-加气砼-a5.0			
室内有水房间（阳台）	住宅户内阳台防水细石混凝土地面			开敞阳台白色乳胶漆顶棚	随板底	涂料外墙面	所有墙体通用			

图 6.3　装饰部分导入

2. 快速建模——钢筋部分

能快速识别平法标注规则中的各类钢筋，包括柱、梁集中标注的大样钢筋和原位标注钢筋、板筋（底筋、负筋）。软件可以识别图纸后显示各种钢筋模型，可以自动生成补强钢筋模型，图 6.4 是钢筋部分软件界面，图 6.5 是钢筋模型及局部补强钢筋，图 6.6 是楼梯图和对应的模型，图 6.7 是通过软件直接导出钢筋下料单。晨曦软件这方面做得很好，不仅能提供工程计量所需的工程量，也能实现钢筋工程直接出料。晨曦软件突出的优点如下。

图 6.4　钢筋部分软件界面

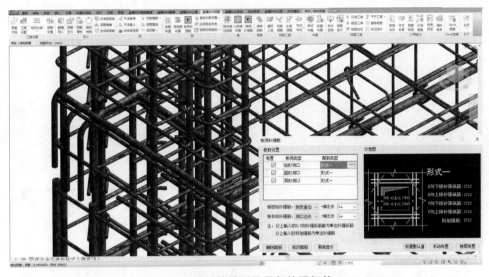

图 6.5 钢筋模型及局部补强钢筋

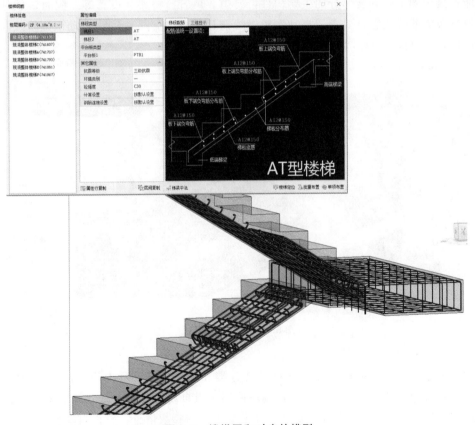

图 6.6 楼梯图和对应的模型

（1）可以生成任意 BIM 钢筋模型。

（2）可以生成三维标注图、二维线标注、下料单等。

（3）钢筋示意图可以直观显示，归类清晰。

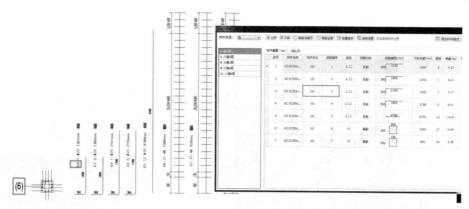

图 6.7　钢筋出量统计表

（4）钢筋下料单与图标注及平面图对应，引导直观。

（5）数据来源唯一，准确性高。

3. 快速建模——安装部分

能直接识别工程安装部分的主要构件：管道、风管、桥架、设备等。同时，软件可以根据模型布置的管线综合要求，自动调整管线避让关系（见图 6.8），自动识别管线与构件的开洞位置（见图 6.9）。

图 6.8　管线自动避让

4. 导出工程量

工程量导出部分，依据《建筑信息模型分类和编码标准》（GB/T 51269—2017），实现常规工程量分类编码导出。平法出图模块使用工具自动生成墙、柱、梁和板钢筋施工图表，达到 CAD 图纸的成图质量。通过算量模型丰富的参数信息，软件自动抽取项目特征，并与项目特征进行匹配，形成模型与清单关联，最终跟图形计算公式及工程量计算规则，准确地计算出工程量。工程量分类导出见图 6.10。

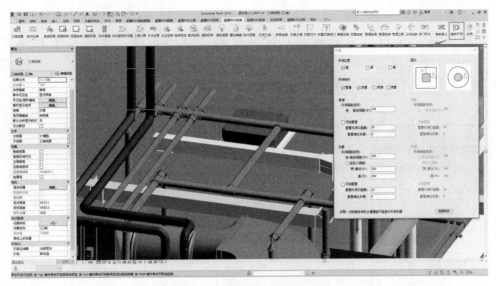

图 6.9　管线穿墙开洞部分

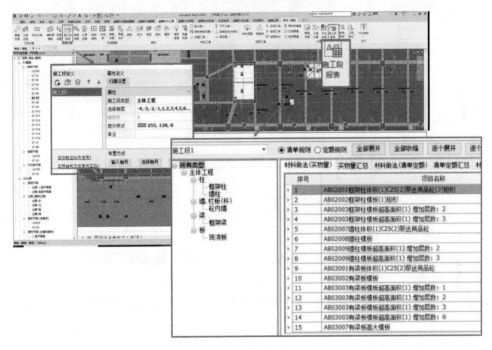

图 6.10　工程量分类导出

6.3.2　基于 BIM 的工程计价

　　"行行云算"是杭州良忆创社信息科技有限公司开发的网页版计价系统,它无须安装软件,能实现浏览器或者平板、手机直接登录,信息全部存储于云端,同时能做到经验数据及时积累,多人同时通过云端协同办公,并由企业后台,通过专家审核,真正做到数据的及时传递和更新,实现基于 BIM 的工程计价。

1. 案例背景

工程项目位于浙江省杭州市，建筑面积 335665.85m²，其中地上建筑面积 219529.6m²，地下建筑面积为 116183.19m²，建筑层数为地上 33 层，地下 2 层；建筑总高度 96.85m（室外地面至建筑屋面）。该项目基本情况见表 6.1。

表 6.1　本项目各楼栋基本情况

楼号	建筑占地面积/m²	地上总建筑面积/m²	住宅面积/m²	配套面积/m²	地上层数	地下层数	住宅总户数	建筑高度（从室外地面至屋面结构板面）/m
1	702.80	12353.11	12353.11	84.50	29	2（有地下夹层）	108	85.25
2	789.14	12238.18	12238.18	1089.12	29	2（有地下夹层）	108	85.25
3	579.10	11860.90	11860.90		27	3（有地下夹层）	104	79.45
4	1244.50	14240.20	12445.30		29	3（有地下夹层）	111	85.25
5	579.10	10513.60	10513.60		24	3（有地下夹层）	92	70.75
6	922.10	11340.00	10015.50	1324.50	29	3（有地下夹层）	111	85.25
7	763.70	19689.60	19689.60		29	3（有地下夹层）	224	85.25
8	508.53	1467.50	1467.50		3	2（有地下夹层）		11.50
9	337.40	674.78	674.78		2	2（有地下夹层）		10.90
地下自行车库		3618.24						
地下汽车库		56992.00						

2. 准备工作

根据项目所涉内容，安排建筑、安装、市政、园林分工合作。体量大的项目考虑编制周期，还可将专业划分给不同人员编制。

将其他软件生成的计量软件的算量结果（Excel 格式）导入计价软件。

3. 新建项目

新建项目→国标清单→选择相应的地区模板→设置项目名称和单位工程，见图 6.11 和图 6.12。

4. 导入外部的计量数据

数据导入→导入 Excel 清单→导入单个专业。这里只要选择已有的计量软件的算量结果（Excel 格式）上传，计价软件自动生成对应工程量清单。

5. 计价软件编辑工作

（1）清单定额云端化。传统计价软件的方式是将清单定额库先下载到本地电脑，再通过应用软件调取使用。为了配合每个省、市的项目，需下载多地清单定额数据库，带来很多不便。

云计价采用将清单定额库由本地化储存改为云端化且结构化储存，这使得造价人员在

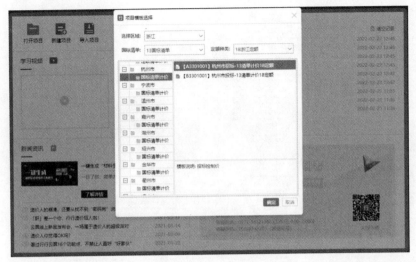

图 6.11　选择地区模板

图 6.12　设置项目名称和单位工程

使用云计价软件时，可直接从云端调取清单定额库数据（见图 6.13）大大减轻软件对电脑配置的要求。

云端化清单定额库后，可以实现云端清单库与计价软件无缝对接，造价人员编制各类造价（招标控制价、投标报价）文件时，如果采用企业定额，在使用新的施工工艺时，可通过云端记录对应的人材机消耗数据，再回流迭代本企业的清单定额库，实现企业定额数据迭代积累，形成具有企业核心竞争力的不断更新的企业计价依据。

（2）协同办公。造价项目需要多人合作完成，传统工作模式是参与项目的组员先在各自电脑中建立一个项目进行编辑，等编辑好之后，项目负责人进行收集合并汇总。"行行云算"可以实现数据共通，造价人员实现分布式协同办公，支持多人多专业、跨地域的办公模式和移动办公。

项目负责人在云端计价软件建立项目和结构树，按实际情况将项目按专业工程分类在

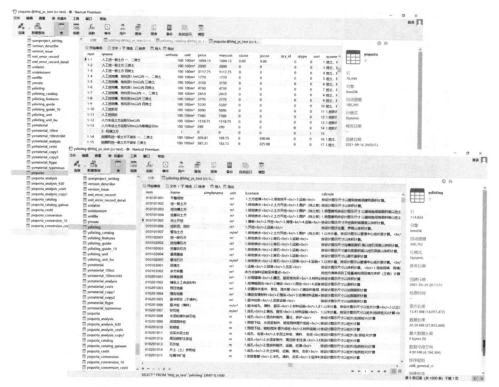

图 6.13　云端存储的定额库和清单库

线分配给对应组员。造价人员在任何地方只需要上网就能进入项目进行编辑，异地人员也可通过云端计价软件，实现异地化办公。项目编制实时云端储存，项目负责人无须再做合并工作，同时可通过系统在线查看项目编制情况，有利项目整体进度把控。

依次点击"云上协同"→团队设置，可以根据项目专业、体量设置造价人员编制权限（见图 6.14），并依据权限做相应的审核设置，项目负责人可复制链接发送给第三方人员查看（见图 6.15），同时设置项目查看密码和有效时间。

（3）智能组价。工程量清单中的项目特征描述最为关键，需要体现所包含的工作内容，描述要做到全面、准确，一旦漏写或写错，就容易造成后期的争议。

云端化的计价软件可以与企业清单定额库实现互通互联，后端由公司组建造价专家，对清单定额库进行清理整合，制定标准的清单项目特征描述和定额组价。公司员工在前端使用时，只需要在项目特征内进行关键词搜索，云端计价软件便可自动生成标准的项目特征写法以及对应的定额组价，根据不同的施工情况，还可自动进行换算。

这种造价编制流程，可减少清单编制约 45% 的工作量，见图 6.16。投标价的编制也是类似这种方法，计价软件根据清单项目特征和清单定额库进行智能匹配，实现一键投标。

（4）建立企业定额数据库。云端数据库内所有数据在经过"专家"识别判定后，自动保存于云端，形成数据仓库资源，并用于数据迭代，见图 6.17。造价人员通过网页版计价软件编辑清单控制价，编制好的投标数据自动回流至云端数据库。由行业专家进行数据筛选后，再积累并反馈给造价人员，使企业定额的数据仓库资源不断更新，形成动态的 BIM 数据管理。

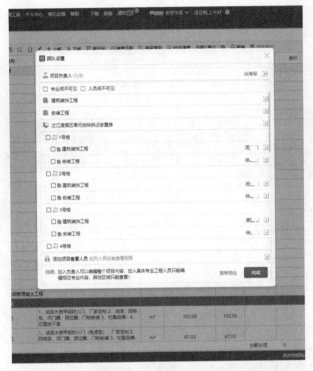

图 6.14　云上协同办公

图 6.15　文件转发

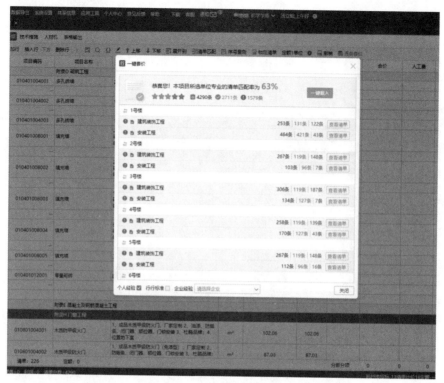

图 6.16 智能一键套价

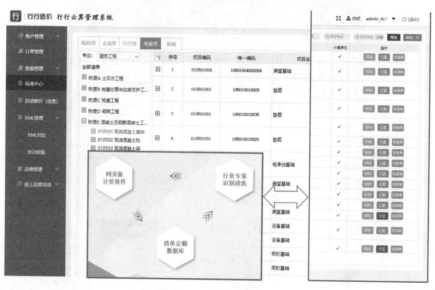

图 6.17 后台专家审核

（5）价格匹配及调整。"行行云算"可以通过材料名称智能匹配当地信息价，只需设置信息价区域，如果多个区域有相同材料，以优先设置区域的材料价格计入，项目会自动载入信息价，并标注信息价图标和注明信息价来源，可以实现价格数据的实时更新，见图 6.18。

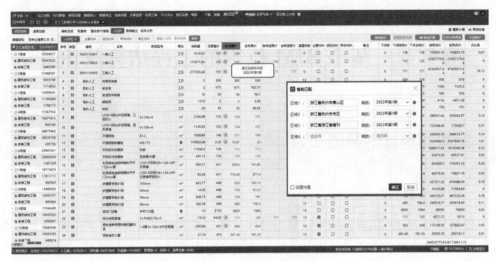

图 6.18　价格匹配及标注

6. 导出计价文件

"行行云算"导出计价文件结果的同时,利用人工智能的技术,学习清单、定额的计算规则以及之间的逻辑关系。模拟人的思考方式进行检查,地毯式检查,有效解决如综合单价合理性、项目特征描述正确、清单漏项等问题,上亿级项目检查只需要 1 分钟。不同项目数据还可进行积累,用于项目之间的复核。

第7章 基于BIM技术的工程结算及审计

7.1 结算和审计的基础知识

7.1.1 工程结算

工程结算分为过程结算和竣工结算，过程结算是竣工结算的前期工作，最终结算价格都是以竣工结算为准的。工程竣工结算作为建设项目工程造价的最终体现，是工程造价控制的最后环节，并直接关系到建设单位和施工企业的切身利益，因此竣工结算的审核工作尤为重要。但竣工结算作为一种事后控制，更多是对已有的竣工结算资料、已竣工验收工程实体等事实结果在价格上的客观体现。

1. 概念

工程竣工结算是指某单项工程、单位工程或分部分项工程完工后，经验收质量合格并符合合同要求后，承包人向发包人进行的最终工程价款结算的过程。建设工程竣工结算的主要工作是发包人和承包人双方根据合同约定的计价方式，并依据招标投标的相关文件、施工合同、竣工图纸、设计变更通知书、现场签证等，对承包、发包双方确认的工程量进行计价。

工程竣工结算是工程造价管理的最后一环，也是最重要的一环。它是承包人总结工作经验教训、考核工程成本和进行经济核算的依据，也是总结、提高和衡量企业管理水平的标准。工程竣工结算一般分为单位工程竣工结算、单项工程竣工结算和建设项目竣工总结算三种。

工程竣工结算依据合同内容划分为合同内结算和合同外结算。合同内结算包括分部分项、措施项目、其他项目、人材机价差、规费和税金；合同外结算包括变更、签证、工程量偏差、索赔、人材机调差等。

办理工程竣工结算，要遵循以下基本原则：

（1）任何工程的竣工结算，必须在工程全部完工、提交验收并做出竣工验收报告以后才可以进行。对于未完工程或质量不合格者，一律不得办理工程竣工结算。

（2）工程竣工结算的各方，应共同遵守国家有关法律、法规、政策方针和各项规定。

（3）合同是工程竣工结算最直接、最主要的依据之一，应全面履行工程合同条款，包括双方根据工程实际情况共同确认的补充条款；同时，应严格执行双方签订的合同内容，包括综合单价、工料单价及取费标准和材料、设备价格及计价方法等，不得随意变更，变相违反合同以达到某种不正当目的。

（4）办理工程竣工结算必须依据充分、基础资料齐全，包括设计图纸、设计修改记录、现场签证单、价格确认书、会议记录、验收报告和验收单、其他施工资料、投标文件

（施工图预算和报价单）、甲供材料、设备清单等，保证工程竣工结算建立在事实基础之上。

2. 结算的工作内容

结算的主要工作包括以下四个方面：①整理结算依据；②计算和核对结算工程量；③核对合同内外各种项目计价（人材机调差，签证、变更资料等）；④按要求格式汇总整理形成上报文件。

3. 结算的重点工作

进行工程竣工结算，需要进行工程量量差、材料价差和费用调整。

（1）工程量量差的调整。工程量的量差是指实际完成工程量与合同工程量的偏差，包括施工情况与地勘报告不同、设计修改与漏项而增减的工程量，现场工程签证、变更等。工程量的量差是编制竣工结算的主要部分。这部分量差一般由以下原因造成。

1）设计单位提出的设计变更。工程开工后，由于某种原因，设计单位要求改变某些施工方法，经与建设单位协商后，填写"设计变更通知单"，作为结算时增减工程量的依据。

2）施工单位提出的设计变更。由于施工方面的原因，如施工条件发生变化、某种材料缺货需改用其他材料代替等，要求设计单位进行设计变更。经设计单位和建设单位同意后，填写相应的记录表，作为结算时增减工程量的依据。

3）建设单位提出的设计变更。工程开工后，建设单位根据自身的意向和资金到位情况，增减某些具体工程项目或改变某些施工方法。经与设计单位、施工单位、监理单位协商后，填写记录表，作为结算时增减工程量的依据。

4）监理单位或建设单位工程师提出的设计变更。发生这种情况是因为发现有设计错误或不足之处，经设计单位同意提出设计变更。

5）施工中遇到某种特殊情况引起的设计变更。在施工中由于遇到一些原设计无法预计的情况（如基础开挖后遇到古墓、枯井、孤石等要进行处理），设计单位、建设单位、施工单位需要共同完成的变更。

（2）材料价差的调整。材料价差是指由于人工、材料、机械市场价的波动、由于工艺变更导致综合单价的变化、由于清单工程量超过风险幅度约定范围导致的综合单价的调整（由量差导致的价差）。在工程竣工结算中，材料价差的调整范围应严格按照合同约定办理，不允许擅自调整。

由建设单位供应并按材料预算价格转给施工单位的材料，在工程竣工结算时不得调整。由施工单位采购的材料进行价差调整，必须在签订合同时明确材料价差的调整方法。

（3）费用调整。费用调整是指以直接费或人工费为计费基础计算的直接费、间接费、利润和税金等费用的调整。工程量的增减变化会引起措施费、间接费、利润和税金等费用的增减，这些费用应按当地的规定作相应调整。各种材料价差一般不调整间接费，但各种材料价差应列入工程预算成本，按当地费用政策的规定，计取利润和税金。

其他费用，如属于政策性的调整费、因建设单位原因发生的窝工费用、建设单位向施工单位的借工费用等，应按当地规定的计算方式在结算时一次清算。

7.1.2 工程审计

1. 工程结算审计的基本流程

为了提高结算审核质量，规范审核行为，加强审核管理，结合结算工程项目的特点，工程结算审计应按照以下流程开展工作。

（1）建设单位通过招标或其他方式确定工程造价咨询单位（以下简称"咨询单位"），咨询单位接受委托单位送达的"工程项目审计委托书"，并签订"建设工程造价咨询审计合同书"。

（2）建设单位与咨询单位签订"廉政责任书"。

（3）咨询单位交接资料，填写"结算资料交接单"。在此之前，建设单位应要求施工单位签署"工程项目结算送审须知"和"新建工程项目结算承诺书"或"维修工程项目结算承诺书"。

（4）咨询单位熟悉资料，提交"建设工程咨询实施方案"。

（5）建设单位组织召开有建设单位、施工单位和咨询单位（简称"三方"）参加的工程结算审计审前工作会议，形成"工程造价结算审前会议纪要"。

（6）咨询单位向建设单位通报初步审核意见，在建设单位主持下，与施工单位见面核对初步审核意见。对已核对认可的量价，须双方签字确认；对有争议的项目，建设单位组织相关部门召开协商会，以便达成共识。

（7）咨询单位出具审计报告及"结算经济指标"，下达施工单位。施工单位可在收到初稿 15 日内提出书面意见，15 日内不提出书面意见的，视为默认。在初稿得到认可后，三方签署"造价查询成果确认表"，以便形成审计报告。如施工单位提出书面意见，建设单位组织相关部门共同复审确认，以便形成共识。

（8）咨询单位提交审计报告，归还送审资料。

（9）建设单位填写"工程项目结算单"，转至建设单位财务部门办理工程尾款的结算工作。

（10）审计费结清。根据结算承诺书的约定和咨询合同的相关条款，确定审计费的支付单位，进行审计费的结算。

（11）审计资料存档。按照档案管理办法，将相关的资料整理、装订成册，归入档案馆存放。

2. 工程结算审计的主要内容

（1）对合同、补充协议、招标投标文件的审核。进行工程价款的审核，首先要仔细研究合同、补充协议、招标投标文件，确定工程价款的结算方式。依据计价方式的不同，合同可分为总价合同、单价合同和成本加酬金合同。其中，总价合同又分为固定总价合同和调价总价合同；单价合同又分为估计工程量单价合同、纯单价合同和单价与包干混合式合同。先确定合同的计价类型，再仔细研究其中的调价条款。

（2）对人工及材料价差的审核。进行工程价款的审核，应注意工程材料价格调整办法，这里主要的变更依据应该是合同条款和信息价。在审核时，一是注意调整时间段；二是注意调差的工料项目；三是注意调差的方法。

（3）对工程量的审核。工程量的审核是重中之重，对工程量进行审核，应特别注意是否存在高估冒算、重复计算或未扣除未施工的项目，工程量的审减是核减工程造价的基本途径之一。

对工程量进行审核，首先要熟悉图纸，知道施工工艺。其次要知道自己需要算什么项目，再根据目录在定额中找到相应的项目，在项目前面的具体编制说明中找到该项目的一些重点说明，按工程量计算规则进行工程量计算（这只是初步的计算）。现场勘察是工程量计算的最后阶段，通过现场勘察可以确定图纸中不明确的部分及其现场未施工部分，与此同时对其隐蔽工程通过查阅隐蔽验收资料来确定。另外，部分施工内容如大型机械种类、型号、进退场费，土方的开挖方式、堆放地点、运距，排水措施，混凝土品种的采用及其浇筑方式，以及涉及造价的措施方法等，可依据施工组织设计和技术资料作出判断。

（4）对综合单价的审核。现有的综合单价多数是由地方定额子目组价产生的，企业一般会通过高套定额、重复套用定额、调整定额子目、补充定额子目来提高工程造价。在审核综合单价组价的定额子目时，应注意以下问题：

1）对直接套用定额单价的审核，首先要注意采用的项目名称和项目特征描述与设计图纸的要求是否一致，如构件名称、断面形式、强度等级（混凝土或砂浆强度等级）、位置等；其次要注意工程项目的清单中的特征描述，看施工内容是否有重复套用现象。

2）对换算的综合单价的审核，要注意其中定额子目的换算内容是否允许换算，允许换算的内容是定额中的人工、材料或机械中的全部还是部分，换算的方法是否正确，采用的系数是否正确。

3）对补充综合单价的审核，主要是审核材料种类、含量、价格、人工工日含量及机械台班种类、含量、台班单价是否合理。

（5）对材料价格的审核。材料价格是工程造价的重要组成部分，直接影响工程造价的高低。原则上应根据合同约定方法，再结合工程施工现场签证确定材料价格。特别注意施工过程中替换的材料价格是否征得监理单位及建设单位的书面确认。合同约定不予调整的或未经审批的材料价格，审核时不应调整；合同约定按施工期间信息价格调整的，可按照各种材料使用期间的平均指导价作为审核依据。对信息价中没有发布的或甲方没有签证的材料价格，需要对材料价格进行询价、对比分析。审核材料价格时，应重视材料价格的调查。

（6）对计价取费的审核。工程结算计价取费应根据工程造价管理部门颁发的定额、文件及规定，结合工程相关文件（合同、招标投标文件等）来确定费率。审核时，应注意取费文件的时效性，执行的取费标准是否与工程性质相符，费率计算是否正确、是否符合文件规定。如取费基数是否正确，是以人工费为基础还是以直接费为基础；对于费率下浮或总价下浮的工程，在结算审核时，要注意对合同外增加造价部分是否执行合同内工程造价的同比例下浮等问题进行核实。

（7）对签证的审核。大多数工程的报审结算价都比合同价款高很多，有的甚至成倍增长，会有企业通过低价中标、高价结算的策略，在工程结算时通过增加签证来达到合理的利润。因此，要审核签证的合理性、有效性。签证审核需要注意以下两点。

1）审核其手续是否符合程序要求，签字是否齐全有效。例如，索赔是否是在规定的时间内提出，证明资料是否具有足够的说服力。

2）审核其内容是否真实合理，工程项目内容及工程量是否存在虚列，签证项目涉及的费用是否应该由甲方承担。有些签证虽然程序合法、手续齐全，但究其内容并不合理，违背合同协议条款，对于此类签证则不应作为结算费用的依据。

（8）对其他项目的审核。工程结算审核时，还应注意：施工资料的齐全性与真实性；结算项目与现场踏勘情况的吻合度（如合同内约定的材料是普通 PVC 线管，结算时套用著名品牌高等级的线管；普通卫浴洁具，结算时套用高端品牌等）；利用计算机软件录入工程量时是否存在小数点输入错误等。

3. 工程结算审计的常用方法

（1）全面审计法。全面审计法是指按照国家或行业建筑工程预算定额的编制顺序或施工的先后顺序，逐一地对全部项目进行审查的方法。其具体计算方法和审查过程与编制施工图预算基本相同。此方法的优点是全面、细致，经审计的工程造价差错比较少、质量比较高；缺点是工作量较大。对于工程量比较小、工艺比较简单、造价编制或报价单位技术力量薄弱，甚至信誉度较低的单位，需采用全面审计法。

（2）标准图审计法。标准图审计法是指对利用标准图纸或通用图纸施工的工程项目，先集中审计力量编制标准预算或决算造价，以此为标准进行对比审计的方法。按标准图纸设计或通用图纸施工的工程，一般地面以上结构相同，可集中审计力量细审一份预决算造价，作为这种标准图纸的标准造价；或以这种标准图纸的工程量为标准，对照审计。而对局部不同的部分和设计变更部分作单独审查即可。这种方法的优点是时间短、效果好、定案容易；缺点是只适用于按标准图纸设计或施工的工程，适用范围小。

（3）分组计算审计法。分组计算审计法是指把分项工程划分为若干组，并把相邻且有一定内在联系的项目编为一组，审计时先计算同一组中某个分项工程量，利用工程量间具有相同或相似计算基础的关系，再判断同组中其他几个分项工程量。这是一种加快工程量审计速度的方法。例如，对一般土建工程可以分为以下几个组。

1）地槽挖土、基础砌体、基础垫层、槽坑回填土、运土分为一组。

2）底层建筑面积、地面面层、地面垫层、楼面面层、楼面找平层、楼板体积、顶棚抹灰、顶棚刷浆、屋面层分为一组。

3）内墙外抹灰、外墙内抹灰、外墙内面刷浆、外墙上的门窗和圈过梁、外墙砌体分为一组。

（4）对比审计法。对比审计法是指用已经审计完成的工程造价，和拟审计的类似工程进行对比审计的方法。这种方法一般应根据工程的不同条件和特点区别对待。

1）两个工程采用同一个施工图，但基础部分和现场条件及变更不尽相同，则拟审计工程基础以上部分可采用对比审计法；不同部分可分别计算或采用相应的审计方法进行审计。

2）两个工程设计相同，但建筑面积不同，则可以根据两个工程建筑面积之比与两个工程分部分项工程量之比基本一致的特点，将两个工程每平方米建筑面积造价以及每平方米建筑面积的各分部分项工程量进行对比审查。如果基本相同，说明拟审计工程造价是正确的，或拟审计的分部分项工程量是正确的；反之，说明拟审计工程造价存在问题，应找出差错原因，加以更正。

3）拟审计工程与已审工程的面积相同，但设计图纸不完全相同时，可把相同部分（如厂房中的柱子、屋架、屋面板、砖墙等）进行工程量的对比审计，不能对比的分部分项工程按图纸或签证计算。

（5）筛选审计法。建筑工程虽然有建筑面积和高度的不同，但是它们的各个分部分项工程的工程量、造价、用工量在每个单位面积上的数值变化不大，把过去审计积累的这些数据加以汇集、优选，归纳为工程量、造价（价值）、用工等几个单方基本值表，并注明其适用的建筑标准。这些基本值犹如"筛子孔"，用来筛选各分部分项工程，筛下去的就不予审计；没有筛下去的就意味着此分部分项的单位建筑面积数值不在基本值范围之内，应对该分部分项工程进行详细审计。此方法的优点是简单易懂，便于掌握，审计速度和发现问题快，适用于住宅工程或不具备全面审计审查条件的工程。

（6）重点抽查审计法。重点抽查审计法是指抓住工程造价中的重点进行审计。在审计时，可以确定工程量大或造价较高、工程机构复杂的工程为重点，确定监理工程师签证的变更工程为重点，确定基础隐蔽工程为重点，确定采用新工艺、新材料为重点，确定甲乙双方自行协商增加的工程项目为重点。

7.2　基于 BIM 技术的工程结算

本节将从工程竣工结算关键环节中存在的问题入手分析，结合 BIM 技术，建立基于 BIM 技术的竣工结算方式，以期提高竣工结算审核的准确性与效率。

7.2.1　工程竣工结算关键环节存在问题分析

1. 竣工结算资料的全面审查

竣工结算资料的完整性和准确性直接影响工程竣工结算的高效及精确性。对于工程竣工结算资料的完整性审查，首先应自查已存档的工程资料，分工期节点或进度款节点收集整理出齐全的工程结算资料。其次对施工方提交的竣工结算资料全面审查，及时发现处理上述结算依据缺送漏送的情况。对竣工结算的符合性审查主要针对送审资料是否真实有效。如设计变更文件是否由设计、监理单位有效的签字盖章，现场签证资料文字表达是否清楚，相关工程量、费用计算是否完整，有无存在针对同一事件重复签证的问题，并确认其由建设、施工、监理三单位的签字盖章，以及竣工图纸有无竣工图章等。

建设工程往往存在项目规模大、建设周期长等问题，而其间不可避免地发生大量各类设计变更、现场签证及相关法律法规政策发生变化等问题，由此产生的工程资料体量庞大，并且大多以纸质资料保管，直接造成竣工结算期间资料收集整理工作烦琐。并且由于建筑业从业人员流动性较大，人员工作交接中往往发生工程资料信息的错乱、流失等情况，严重降低竣工结算工作开展的效率。

2. 量价费的精细审查

在工程量清单计价模式下，工程量必须按照相关工程现行国家计量规范规定的工程量计算规则计算，以现行工程中常见单价合同为例，工程量必须以承包人完成合同工程应予计量的工程量确定。竣工结算中对工程量的审查，应基于招标工程量清单中的工程量，重点针对缺项、工程量偏差或工程变更引起的工程量增减开展审查工作。

工程量的审查往往由于缺乏更为有效的工具，会存在耗时长、工作量大、效率不高等问题。并且在工程量核对过程中，常因双方计算方式的差异，导致工程量核对工作进展缓慢，甚至因为双方主观原因造成工程量失真。单价合同中对于单价的审查，主要依据投标报价中的综合单价，同时结合合同、招标投标文件相应价格条款，对出现单价允许调整的情况进行调整，并以调整后的单价进入竣工结算。而对于费用的审查重点在于确定取费依据是否符合国家现行法律法规及政策规定以及合同约定，审查计费程序及各项费用费率是否按照合同约定进行调整。而费用调整的相关政策法规文件时效性强，因此需要全面及时地更新掌握相关政策法规资料，并且如何应对建筑工程合同条款准确、高效地引用，以上问题成为掣肘费用审查的关键因素。

7.2.2　BIM 在竣工结算中的应用

从竣工结算的重点环节来看，工程资料的储存、分享方式对竣工结算的质量有着极大影响。传统的工程资料信息交流方式，人为重复工作量大，效率低下，信息流失严重。而BIM 技术提供了一个合理的技术平台，基于 BIM 三维模型，并将工期、价格、合同、变更签证信息储存于 BIM 中央数据库（BIM 数据仓库）中，可供工程参与方在项目生命周期内及时调用共享。从业人员对工程资料的管理工作融合于项目过程管理中，实时更新BIM 中央数据库中工程资料，参与各方可准确、可靠地获得相关工程资料信息。而项目实施过程中的大量资料信息存储于 BIM 中央数据库中，可按工期或分构件任意调取。在竣工结算中对结算资料的整理环节中，审查人员可直接访问 BIM 中央数据库，调取全部相关工程资料。

基于 BIM 技术的工程结算资料的审查将获益于工程实施过程中的有效数据积累，极大地缩短结算审查前期准备工作时间，提高结算工程的效率及质量。基于 BIM 的三维布尔计算功能，在竣工结算对工程量审核过程中，可直接利用招标投标过程中的工程三维模型，直接对原设计图变更部分进行修改，如柱的尺寸由 500mm×500mm 变为 600mm×600mm，只需将构建属性重置为 600mm×600mm，BIM 软件同步关联计算因改尺寸变更引起的其他结构构建的工程量。此外，还可利用通用格式文件储存下的竣工图信息，直接导入该格式竣工图，软件即可自动生成竣工工程三维模型及相应工程量信息。

在工程量核对过程中，双方可将各自的 BIM 三维模型置于 BIM 技术下的对量软件中，软件自动按楼层、分构件标记出工程量差异部位，更快捷准确地找出双方结算工程量差异，提高工程量核对效率。同样，利用 BIM 技术的云端技术，直接从云端服务器获取由政府部门发布的最新与取费相关的政策法规（如人工费调整系数、建安税税率等），BIM模型根据模型所具有的工程属性，自适应地提取符合相应政策法规的相应费用标准，保证竣工结算费用审核的准确无误。基于 BIM 技术的工程结算流程见图 7.1。

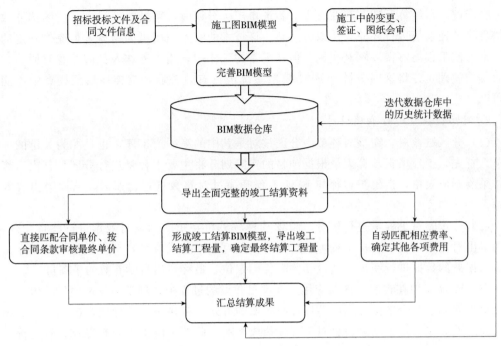

图 7.1　基于 BIM 技术的工程结算流程

1. 检查结算的主要依据

竣工结算通常要遵循以下原则。

（1）严格按照相关工程中规定的标准进行实施。

（2）施工合同的制定要合理。

（3）工程设计图纸要科学。

（4）双方确认的工作量。

（5）双方确认追加的工程条款。

（6）双方确认的索赔项目以及相关注意事项。

BIM 模型能够对文件中的信息进行整合与分析，从而获取到精准的工程数据。通过对上述工程资料进行分析，可以发现，在众多的项目中工程变更单、技术核定单等内容最易被疏漏，而工程赔款以及现场签证单是最易出现异议的部分。

在施工结束后工程师以及相关负责人应明确实际工程量，对在施工中有突发状况造成工程索赔等情况时应出具相应的资料。然而如何才能获取最真实有效的资料，BIM 技术的出现解决了这一难题。对于出现变更的数据或者材料，BIM 模型会作出详细记录，并可将技术核定单等原始素材进行电子化储存，这样，工作人员只需借助 BIM 系统即可实现对工程项目变更内容的全权掌握。此外，即便竣工场地的地形特征很崎岖，都可以借助该系统实现对施工整个过程的掌握。在 BIM 模型中需要变更的位置会有一个显著的标志，结算人员只需点击相应的构件即可随时随地对变更资料进行细致、全面的了解。

在项目中对于某一具体的细节，业主与审计部门虽从法律角度讲已签订了相应的索赔签证单，然而在实际工作中有人会对现场签证单的有效性与真实性产生怀疑，BIM 技术可有效解决这一难题。业主与审计部门在签订索赔单时可使用该技术及时与模型准确位置进行关联定位，在结算后期若存在有人对签证单产生异议时，可及时通过该系统的图片数据等信息将签证现场进行还原，使双方满意。该技术的有效应用可为结算人员提供一定的便利，也可使工程能够得以顺利实施。但在平常的工作中，施工工作人员应注意对原始材料的收集与整理，并将这些资料与 BIM 模型系统进行有效关联，这样在后期调查中才能有章可循。

2. 对工程数量进行准确校对

（1）分区域核对。在核对环节中分区核对是其中的第一道工序，也是尤为关键的一个环节。首先，工程项目预算人员根据项目的实际划分将主要工程量进行分区；其次，将分区结果绘制成表格，造价工程师与 BIM 工程师通过对参数进行比照后，从而得出有效的数据。

（2）分步骤对工程量进行核对。BIM 建模软件可在短时间内对数据进行整合与分析，从而得出对比分析表，造价工程师通过设置偏差百分率警戒值可自动生成相应的排序，并对存在误差的数据进行锁定，通过相关软件的定位，最终得出科学有效的子项目。

（3）BIM 模型在查漏方面的应用。在项目建设的过程中，经常会发现项目承包施工与设计都不同属于一个单位，因而在设计时采取的方式是存在一定差异的，再加之专业与专业之间的差异在一定程度上也会对工程量造成影响。此外，由于术业有专攻，对造价方面在行的人可能对机电方面的知识一点也不知，而机电工程师却对造价知识不了解，这种现象也会造成数据之间的严重误差。通过各专业 BIM 模型的整合与综合应用，可改善上述问题，提高计算的精确度，为施工带来一定的便利。

（4）数据的核对阶段。当 BIM 技术将数据整合完成后，可通过服务器自动进行检索，从而找出误差较大的项目或者是存在疏漏的环节。纵观我国当前的发展趋势，由于我国处于社会主义初级阶段，在很多技术方面还存在不足之处，而且很多企业还未构建 BIM 数据库，在数据整合方面还存在一定的欠缺，使得该技术的发展受到严重阻碍。

7.3　基于 BIM 技术的工程审计

从前述内容可以看出，审计主要是对已经发生的工程建设费用作进一步的核实确认，这就需要原始数据的传递，现有的 BIM 软件缺少的就是数据的调用和传递，所以也给工程审计中应用 BIM 软件带来了障碍，可喜的是，现有的国内 BIM 平台软件已经开始向这方面发展。

BIM 软件市场主要有两种导向，一种是以技术为导向，基于 BIM 技术本身让用户来适应；另一种则是以使用者为导向，用户需要哪些功能，在此基础上 BIM 软件为用户提供这些功能。大多国外 BIM 软件商和咨询商更多地关注 BIM 设计软件的开发与更新，在产品及服务方案中，往往还是把关注点放在 BIM 技术上，围绕 BIM 技术而不是使用者来设计产品。国内 BIM 软件厂商近几年根据我国市场的实际情况，在以用户为导向的基础上研究开发产品的特点越来越突出，主要致力于协同协作端的 BIM 软件开发，为各级 BIM 使用者提供配套的技术服务支撑，且取得了一定的成绩。

1. 招标投标阶段审计

工程咨询公司在接受审计局委托对项目进行审计时，需要统一建模标准，并以工程咨询公司为主导进行模型的建立，参建各方（建设单位、监理单位、施工单位）的技术人员共同确认，最后基于确认过的模型进行工程量的核算和进度款支付，缩短核对周期，减少核对争议。

在招标投标审计阶段，若将投标综合单价和预算综合单价载入模型，系统可以自动查找不平衡报价，并做出标识，审计人员便可以在招标投标审计过程中找到造价控制重点，从而把握审计重点。

2. 设计阶段审计

基于设计阶段 BIM 功能的应用点，审计主要是对设计图纸进行碰撞检查，优化设计方案。审计人员把建立完成的不同专业的 BIM 模型合并，进行碰撞检查，可以在短时间内自动查找出模型内所有冲突点，从而发现各设计院图纸冲突的地方，反馈给业主方，通知设计单位进行深化修改，避免后期施工时的变更签证，在有效控制成本的同时，提高图纸的设计质量与进度。

3. 施工阶段审计

（1）现场审计管理。现场审计人员将现场查验照片、记录数据、会议纪要等资料的相关内容与模型对应部位关联，在模型中储存施工事件信息和相应费用，在计量支付时实时提醒，避免少扣漏算。

（2）造价管理审计。BIM 技术可以实现框图出量，可以进行进度款审核和工程结算审计。申报工程进度款之前，施工单位应首先申请支付界限的审核：需在系统中上传本期进度款编制说明、已完工程的验收资料、现场照片。经监理、业主和审计确认后，施工单位在 BIM 平台上进行操作，使车站模型与现场形象进度吻合，BIM 系统自动计算工程量，提取已录入系统的投标单价自动计算汇总分部分项工程费用，同时进行甲方提供材料的数量分析。工程竣工的同时，竣工模型也同步完成，自动生成结算报告。这意味着结算审计与工程项目同步结束，与传统的结算审计相比，节省了大量审计成本。

（3）变更管理。工程项目结构越复杂，设计施工难度越大，建设周期越长，工程项目建设过程中的不可控因素就越多，从而工程变更就越频繁、越烦琐，且容易造成变更资料的丢失，给工程的建设管理及审计带来很多不必要的麻烦，造成审计资源的浪费以及效率的低下，同时增加了审计风险。

使用 BIM 进行变更管理时，所有变更部位与变更资料均定位在模型上，变更的流程与资料的确认一目了然，能最大限度地减少设计变更带来的审计风险。

（4）进度管理。利用 BIM 的虚拟建造功能，及时收集实际进度信息汇总到 BIM 系统中，和计划工期进行模拟建造对比，统计出进度偏差，为进度款支付、竣工结算时牵扯到的费用索赔与支付、人工费调整提供有力支撑。

4. 运营维护阶段审计

理论上，审计人员运用 BIM 技术，能够更充分了解建设项目建成后运营维护的工艺流程，可以比较迅速准确地找到项目维护维修的关键点、关键部位，有效核实运营维护的实际工作量和成本，更客观准确地从技术角度对项目的运营维护开展绩效评价。

　　建设项目的全生命周期一般是从规划设计到施工，再到运营维护，目前 BIM 功能主要应用在设计和施工阶段，运营阶段 BIM 功能的应用度并不高。虽然软件开发商开发了相关运营维护的 BIM 软件，但是由于运营维护对模型深度的要求很高，又需要花费很大的人力成本及技术成本，且对企业的规模及企业水平有一定的要求，目前市场上几乎不在运营维护阶段使用 BIM 技术。因此，审计机关便更没有这样的技术和资源来支撑运营维护阶段的审计。

　　现在国内 BIM 技术的软件公司都在积极研发集成 BIM 协作平台，所有资料和现场数据均储存在平台中，可以随意调取、查阅，同时可以在线完成资料审批工作。通过多工程数据的云平台积累，在大数据分析挖掘后，逐渐可以得到哪些部位易发生变更、哪些部位易发生质量问题、哪些部位易发生安全问题等。通过数据积累，作为以后审计工作重点控制方向，数据的价值得到了体现。

第8章　BIM 技术在工程造价管理各阶段的应用点

8.1　BIM 在项目决策阶段的应用

决策阶段各项技术指标的确定，对该项目的工程造价会有较大影响，特别是建设标准水平的确定、建设地点的选择、工艺的评选、设备选用等，直接关系到工程造价的高低。据有关资料统计，在项目建设各大阶段中，投资决策决断影响工程造价的程度最高，高达80%～90%。因此决策阶段项目决策的内容是决定工程造价的基础。

利用 BIM 技术，可以通过相关的造价信息以及 BIM 数据模型来比较精确地预估不可预见费用，减少风险，从而更加准确地确定投资估算。在进行多方案比选时，还可以通过BIM 进行方案的造价对比，选择更合理的方案。

基于 BIM 的投资决策分析主要包括基于 BIM 的投资造价估算和基于 BIM 的投资方案选择。

8.1.1　基于 BIM 的投资造价估算

项目方案性价比高低的确定首先要确定方案的价格，快速准确得到供决策参考的价格在优选中尤为关键。在决策阶段，造价工程师的工作主要是协助业主进行设计方案的比选，在这个阶段的工程造价，往往不是对分部分项工程量、工程单价进行准确掌控，更多的是在于单项工程为计算单元的项目造价的比选。此时强调得到的是"图前成本"。

BIM 技术的应用，有利于历史数据的积累，并给予这些数据抽取造价指标，快速知道工程估算价格。

在投资估算时，可以直接在数据仓库中提取相似的历史工程的 BIM 模型，并针对本项目方案特点进行简单修改，模型是参数化的，每一个构件都可以得到相应的工程量、造价、功能等不同的造价指标，根据修改，BIM 系统自动修正造价指标。通过这些指标，可以快速进行工程价格估算。这样比传统的编制指导价或估算指标更加方便，查询、利用数据更加便捷。

8.1.2　基于 BIM 的投资方案选择

过去积累工程数据的方法往往是图纸介质，并基于图纸抽取一些关键指标，用 Excel保存已是一个进步，但历史数据的结构化程度不够高，可计算能力不强，积累工作麻烦，导致能积累的数据量也很小。通过建立企业级甚至行业级的 BIM 数据库，对投资方案进行比选和确定，将会带来巨大的价值。BIM 模型具有丰富的构建信息、技术参数、工程量信息、成本信息、进度信息、材料信息等，在投资方案比选时，这些信息完全可以复原，并通过三维的方式展现。根据新项目方案特点，对相似历史项目模型进行抽取、修改、更新，快速形成不同方案的模型，软件根据修改，自动计算不同方案的工程量、造价等指标数据，直观方便地进行方案比选。

8.2 BIM 在设计阶段的应用

设计阶段对整个项目工程造价管理有十分重要的影响。通过信息交流平台，各参与方可以在早期介入建设工程中。在设计阶段使用的主要措施是限额设计，通过它可以对工程变更进行合理控制，确保总投资不增加。完成建设工程设计图纸后，将图纸内的构成要素通过 BIM 数据库与相应的造价信息相关联，实现限额设计的目标。

在设计交底和图纸审查时，通过 BIM 技术，可以将与图纸相关的各个内容汇总到 BIM 平台，进行审核利用 BIM 的可视化模拟功能，进行模拟、碰撞检查，减少设计失误，降低因设计错误或设计冲突导致的返工费用，实现设计方案在经济和技术上的最优。

8.2.1 基于 BIM 的限额设计

使用传统的方式做好限额设计的难点主要有以下几点。

（1）由于设计院人员有限，各专业直接工作有割裂，需要总图专业反复协同。在设计没有完全完成之前，造价人员无法迅速、动态地得出各种结构的造价数据供设计人员比选，因此，限额设计难以覆盖到整个设计专业。

（2）目前的设计方式使得设计图纸缺乏足够的造价信息，使得造价工作无法和设计工作同步，并根据造价指标的限制进行设计方案的及时优化调整。而方案的优化设计是保证投资限额的重要措施和行之有效的重要方法。

（3）设计阶段的造价工作是事后的，无法在设计过程中协同进行。另外，由于只能在整体设计方案完成后进行造价计算，导致限额设计的指标分解也难以实现，同时造成限额设计被动实施。

基于 BIM 模型来测算造价数据，一方面可以提高测算的准确度，另一方面可以提高测算的精度。通过企业 BIM 数据库可以累计工程项目的历史指标，包括不同部位的钢筋含量指标、混凝土含量指标，不同类型不同区域的造价指标等。通过这些指标可以在设计之前对设计单位制订限额设计目标。在设计过程中应用统一的 BIM 模型和交换标准，使得各专业可以协调设计，同时模型丰富的设计指标、材料型号等信息可以指导造价软件快速建立 BIM 模型并核对指标是否在可控范围内。对成本费用的实时模拟和核算使得设计人员和造价人员能实时地、同步地分析和计算所涉及的设计单元的造价，并根据所得造价信息对细节设计方案进行优化调整，可以很好地实现限额设计。

8.2.2 造价指标优化设计

通过 BIM 模型使设计方案和投资回报分析的财务工具集成，业主就可以了解设计方案编号对项目投资收益的影响。使用 BIM 技术除能进行造型、体量和空间分析外，还可以同时进行能耗分析和建造成本分析等，使得初期方案决策更具有科学性，避免浪费不必要的建造成本，并且可以节省后期成本。

8.2.3　基于 BIM 的设计概算

设计概算能实现对成本费用的实时模拟及核算，并能很好地避免设计与造价控制脱节。BIM 支持实际建造前用数字设计信息分析和了解项目性能，实现从整个项目生命周期角度运用价值工程进行功能分析。

8.2.4　基于 BIM 的碰撞检查

在传统施工中建筑专业、结构专业、设备及水暖电专业等各个专业分开设计，导致图纸中平面图与立面图之间、建筑图和结构图之间、安装与土建之间、安装与安装之间的冲突问题数不胜数，随着建筑越来越复杂，这些问题会带来很多严重的后果。通过三维模型，在虚拟的三维环境下方便地发现设计中的碰撞冲突，在施工前快速、全面、准确地检查出设计图纸中的错误、遗漏及各专业间的碰撞等问题，减少由此产生的设计变更和工程洽商，更大大提高了施工现场的生产效率，从而减少施工中的返工现象，提高建筑质量，节约成本，缩短工期并降低风险。

8.3　BIM 在招标投标阶段的应用

招投标阶段，需要精确地算量并套取工程清单，基于项目编码、项目名称、项目特征、计量单位和工程量计算规则"五统一"的原则形成了一个业主的采购"清单"。传统管理模式下，工程量的清单需要造价人员人工计算，随着现代建筑造型越来越复杂，人工算量的难度越来越大，快速、准确地形成工程量清单成为传统工作模式的难点问题。

BIM 技术的推广与应用，极大地促进了招标投标管理的精细化程度和管理水平。招标单位通过 BIM 模型可以准确计算出招标所需的工程量，编制招标文件，最大限度地减少施工阶段因工程量问题产生的纠纷。投标单位的商务标是基于较为准确的模型工程量清单基础上制定的，同时可以利用 BIM 模型进一步完善施工组织设计，进行重大施工方案预演，做出较为优质的技术标，从而综合有效地制定本单位的投标策略，提高中标率。

通过 BIM 软件建立模型，工程量可快速统计分析，形成准确的工程量清单。一方面，模型可由自己的力量建立；另一方面，可要求投标单位必须建立模型并提交。这样既可提前在模型中发现图纸问题，又能精确统计工程量，并且在建模过程中，软件会自动查找建模的错误，并且发现遗漏的项目和不合理处。利用 BIM 技术在计价过程可以查询造价指标，也可以查询材料价格信息，以实时获得市场价，指导采购。

8.3.1　BIM 模型导入

对于工程造价人员来说，各专业的 BIM 模型建立是 BIM 应用的重要基础工作。BIM 模型建立的质量和效率直接影响后续应用的成效。模型的建立主要有以下三种途径。

（1）直接按照施工图纸重新建立 BIM 模型，这也是最基础、最常用的方式。

（2）如果可以得到二维施工图的 AutoCAD 格式的电子文件，利用软件提供的识图转图的功能，将 .dwg 二维图转成 BIM 模型。

（3）复用和导入设计软件提供的 BIM 模型，生成 BIM 算量模型。这是从整个 BIM 流程来看最合理的方式，可以避免重新建模所带来的大量手工工作及可能产生的错误。设计模型及算量模型数据接口的开发，并且在工程实例中进行验证，这已经取得一定的成效。

8.3.2　基于 BIM 的工程算量特点

（1）算量更加高效。基于 BIM 的自动化算量方法，将造价工程师从烦琐的劳动中解放出来，为造价工程师节省更多的时间和精力用于更有价值的工作，如造价分析等，并可以利用节约的时间编制更精确的预算。

（2）计算更加准确。工程量计算是编制工程预算的基础，但计算过程非常烦琐，容易因人为原因造成计算错误，影响后续计算的准确性。自动化算量功能可以使工程量计算工作摆脱人为因素影响，得到更加客观的数据。

（3）更好地应对设计变更。

（4）更好地积累数据。

8.3.3　基于 BIM 算量的步骤

在经过了设计阶段的限额设计与碰撞检查等优化设计手段，设计方案进一步完善。造价人员可以根据施工图进行施工图预算的编制。而工程量的计算是重要的环节之一，根据不同专业进行工程量计算，需要利用基于 BIM 的算量软件进行工程量计算，其主要步骤如下。

（1）建立算量模型。

（2）设置参数。

（3）在算量模型中针对构件类别套用工程做法。

（4）通过基于 BIM 的工程量计算软件自动计算并汇总工程量，输出工程量清单。

8.4　BIM 在施工过程中的应用

在进度款支付时，往往会因为数据难统一而花费大量的时间精力，利用 BIM 技术中的 5D 模型可以直观地反映不同建设时间点的工程量完成情况，并及时进行调整。BIM 还可以将招标投标文件、工程量清单、进度审核预算等进行汇总，便于成本测算和工程款的支付。另外，利用 BIM 技术的虚拟碰撞检查，可以在施工前发现并解决碰撞问题，有效地减少变更次数，控制工程成本、加快工程进度。

8.4.1　基于 BIM 的 5D 计划管理

建筑信息模型的 5D 应用是指建筑三维数字模型结合项目建设时间轴与工程造价控制的应用模式，即"3D 模型＋时间＋费用"的应用模式。

在该模式下，建筑信息模型集成了建设项目所有的几何、物理、性能、成本、管理等信息，在应用方面为建设项目各方提供了施工计划与造价控制的所有数据。项目各方人员在真实施工之前就可以通过综合信息模型确定不同时间节点的施工进度与施工成本，可以直观地按月、按周、按日观看到项目的具体实施情况，并得到该时间节点的造价数据，方便项目的实时修改与调整，实现限额领料施工，最大限度地体现造价控制的效果。BIM 的 5D 应用优点如下。

（1）基于 5D 模型可以实现资金计划管理和优化。

（2）利用 5D 模型可以方便快捷地进行施工进度模拟和资源优化。

（3）实际工程中，基于 BIM 平台的 5D 施工资源动态管理可以应用于施工造价过程管理。

（4）基于 5D 模型实现项目精细化成本管控。

8.4.2　基于 BIM 的进度款计量和费用支付

在传统的造价模式下，建筑信息都是基于 2D－CAD 图纸建立的，工程进度、预算、变更等基础数据分散在工程、预算、技术等不同管理人员手中，在进度款申请时难以形成数据的统一和对接，导致工程进度计量工作难以及时准确，工程进度款的申请和支付结算工作也较为烦琐，致使工作量加大而影响其他管理工作的时间投入。正因为如此，当前的工程进度款估算粗糙成为常态，最终导致超付进度款，甲乙双方经常对进度款产生争议，并因此增加项目管理风险。

BIM 技术的推广和应用为进度计量和支付带来了便利。BIM－5D 可以将时间与模型进行关联，根据所涉及的时间段（如月度、季度），软件可以自动统计该时间段内容的工程量汇总，并形成进度造价文件，对工程进度计量和支付提供技术支持。

8.4.3　基于 BIM 的工程变更管理

利用 BIM 技术可以最大限度地减少设计变更，并且在设计阶段、施工阶段各个阶段，以及各参建方共同参与进行多次的三维碰撞检查和图纸审核，尽可能从变更产生的源头减少变更。

图纸变更与模型关联计算变更工程量，其步骤如下。

（1）按照变更要求修改构件界面及相关信息。

（2）按变更要求自动计算工程量。

（3）软件自动识别变更构件产生的关联变更。

（4）自动生成计量表，并可以进一步检查调整。

8.4.4　基于 BIM 的签证索赔管理

在工程建设中，只有规范并加强现场签证的管理，采取事前控制的手段并提高现场签证的质量，才能有效地降低实施阶段的工程造价，保证建设单位的资金得以高效地利用，发挥最大的投资效益。

对于签证内容的审核，可以利用在 BIM-5D 软件中实现模型与现场实际情况进行对比分析，通过虚拟三维的模拟掌握实际偏差情况，从而确认签证内容的合理性。

8.4.5 基于 BIM 的材料成本控制

在施工管理过程中对材料消耗量的分析，尤其是对计划部分材料消耗量的分析是一大难题。目前材料、设备、机械租赁、人工与单项分包等过程中的成本拆分困难，无法和招标投标阶段进行对比，等到项目快结束阶段才发现为时已晚。基于 BIM 的 5D 施工管理软件将模型与工程图纸等详细的工程信息资料集成，是建筑的虚拟体现，形成一个包含成本、进度、材料、设备等多维信息的模型。目前，BIM 的粒度可以达到构件级，可快速准确地分析工程量数据，再结合相应的定额或消耗量分析系统可以确定不同构件、不同流水段、不同时间节点的材料计划和目标结果。结合 BIM 技术，施工单位可以让材料采购计划、进场计划、消耗控制的流程更加优化，并且有精确控制能力，并对材料计划、采购、出入库等进行有效的管控。

8.4.6 基于 BIM 的分包管理

（1）基于 BIM 的派工单管理。基于 BIM 的派工单管理系统可以快速准确地分析出按进度计划进行的工程量清单，提供准确的用工计划，同时，系统不会重复派工，实现基于准确数据的派工管理。派工单与 BIM 关联后，在可视化的 BIM 图形中，按区域开出派工单，系统自动区分和控制是否已派过，减少了差错。

（2）基于 BIM 的分包结算和分包成本控制。作为施工单位，需要与下游分包单位进行结算。在这个过程中施工单位的角色成为甲方，供应商或分包方成为乙方。在传统造价模式下，由于施工过程中人工、材料、机械的组织形式与传统造价理论中的定额或清单模式的组织形式存在差异。在工程量的计算方面，分包计算方式与定额或清单中的工程量计算规则不同。双方结算单价的依据与一般预结算不同。对这些规则的调整，以及准确价格数据的获取，传统模式主要依据造价管理人员的经验与市场的不成文规则，常常成为成本管控的盲区或灰色地带。基于 BIM 的分包成本可以根据分包合同的要求，建立分包合同清单与 BIM 模型的关系，明确分包范围和分包工程量清单，按照合同要求进行过程算量，为分包结算提供支撑。

（3）基于 BIM 的多算对比分析。造价管理中的多算对比对于及时发现问题并纠偏，降低工程费用至关重要。多算对比通常从时间、工序、空间三个维度进行分析对比，只分析一个维度可能发现不了问题。比如某项目上月完成 500 万元产值，实际成本 460 万元，总体效益良好，但很有可能某个子项工序预算为 80 万元，实际成本却发生了 100 万元。这就要求造价人员不仅能分析一个时间段的费用，还要能够将项目实际发生的成本拆分到每个工序中。又因为项目经常按施工段区域施工或分包，这又要求造价人员能按空间区域或流水段统计、分析相关成本要素。从这三个维度进行统计及分析成本情况，需要拆分、汇总大量实物消耗量和造价数据，仅靠造价人员人工计算是难以完成的。

要实现快速、精准地多维度多算对比，利用 BIM－5D 技术和相关软件，对 BIM 模型各构件进行统一编码并赋予工序、时间、空间等信息，在统一的三维模型数据库的支持下，从最开始就进行了模型、造价、流水段、工序等不同维度信息的关联和绑定，在过程中，能够以最少的时间实时实现任意维度的统计、分析和决策，保证了多维度成本分析的高效性和精准性，以及成本控制的有效性和针对性。

8.5　BIM 在工程竣工结算中的应用

传统模式下的竣工验收阶段，造价人员需要核对工程量，重新整理资料，计算细化到柱、梁，并且由于造价人员的经验水平和计算逻辑不尽相同，从而在对量过程中经常产生争议。BIM 模型可以将前几个阶段的量价信息进行汇总，真实完整地记录此过程中发生的各项数据，提高工程结算效率并更好地控制建造成本。

结算工作中涉及的造价管理过程的资料的体量极大，结算工作中往往由于单据的不完整造成不必要的工作量。传统的结算工作主要依靠手工或电子表格辅助，效率低、费时多、数据修改不便。在甲乙双方对施工合同及现场签证等产生理解不一致，以及一些高估冒算的现象和工程造价人员业务水平的参差不齐，以致结算"失真"。因此，改进工程量计算方法和结算资料的完整和规范性，对于提高结算质量，加速结算速度，减轻结算人员的工作量，增强审核、审定透明度都具有十分重要的意义。

8.6　BIM 工程造价应用实例

1. 项目概况

某项目建设地点位于××市××区，为两栋超高层办公写字楼，其中 A 号楼建筑面积为 28523m²，B 号楼建筑面积为 18244m²，地下室面积为 23463m²。

该项目主要对地库区域进行 BIM 深化服务，主要方向如下。

（1）对地下室车行道、车位、汽车坡道、货车通行道等进行净高控制。

（2）对车位区域内消火栓箱、集水井及管线阀门影响车位区域进行优化。

（3）对消防泵房、生活泵房内设备基础定位，管线排布合理优化，以整齐、美观、便于施工的原则。

2. 地库 BIM 优化排布

该项目地下室共有两层，其中地下二层层高 3.6m，地下一层层高 3.8m，主要优化原则如下。

（1）车行道上方尽量不走管线，尽可能给车行道留出空间，以方便车辆通行，并保证美观性。

（2）车位部分上的管线尽可能靠近车尾或两车位中间，有风管的风管靠近车尾部分。

（3）在车库的综合管线尽量成排安装，相同专业及功能管线尽量相邻安装，管线尽量安装综合支架，节省成本，同时使整体美观，遇风管上翻，绕开防火卷帘门。

（4）如遇人防门、防火卷帘门，应绕开处理。

（5）电梯前室尽量考虑避开管线，保证后期电梯厅做精装修吊顶空间。

（6）该车库部分喷淋与其他管线综合为上开三通处理，不综合在一起开四通处理，在梁下 100mm 内安装，以保证整个地下室的净高、美观、成本等要求。

该项目地库优化前与优化后对比见图 8.1 和图 8.2。

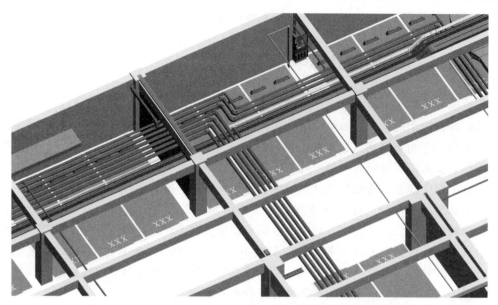

图 8.1　优化前：水管拐弯较多，增加成本及美观度较差

图 8.2　优化后：水管横平竖直拐弯，无需增加多余弯头，美观度较好

3. 二次洞口预留预埋定位

该项目 BIM 工作介入时间为地下室土建部分完成后，故一次洞口预留已经完成，BIM 主要负责管线穿砌体墙时二次洞口预留定位出具二次洞口预埋图，见图 8.3 和图 8.4。

考虑管线成排管线排布，管线间外壁间距考虑 100mm，故该项目穿砌体墙二次开洞考虑整体开矩形洞口，根据该项目施工作业界面划分，砌体墙开较大洞口由总包负责开洞，故 BIM 工作需在总包砌墙时提供二次洞口预埋图纸，并对现场施工进行过程中复核。

图 8.3　二次洞口预留模型图

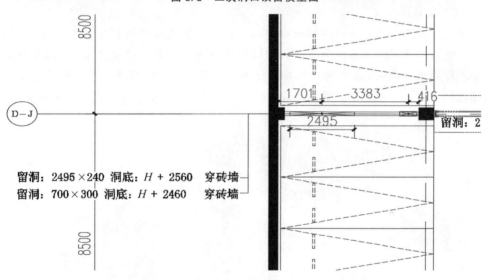

图 8.4　二次洞口预留平面图（单位：mm）

4. 各功能分区净高控制

　　该项目功能用途定位为办公写字楼，规划在地下一层货车通道，以便后期业主搬运办公家具，故 BIM 工作在管线优化时，货车通行路线考虑净高 2.8m，大货车能在地库内通行，同时，该项目需考虑后期电梯厅精装修，故需考虑电梯厅内管线标高尽可能保证后期精装修吊顶高度，将管线尽可能移出电梯厅内。

　　同时，BIM 根据目前排布净高，制作净高分析报告，为后期对地下室功能重新规划时提供参考依据，净高分析平面图见图 8.5。

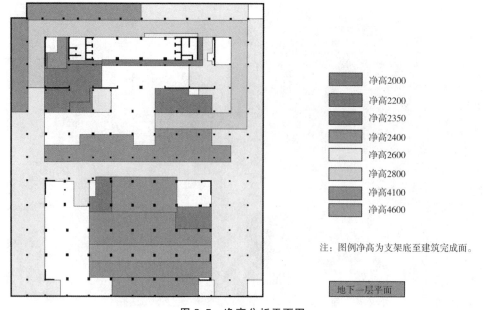

净高2000
净高2200
净高2350
净高2400
净高2600
净高2800
净高4100
净高4600

注：图例净高为支架底至建筑完成面。

地下一层平面

图 8.5　净高分析平面图

5. 消火栓箱体优化

根据优化过的管线综合图进行梳理分析，该项目消火栓背侧柱宽多数为 600mm，考虑消火栓支管从箱体侧接需预留空间，建议该项目地下室消火栓箱体采用宽 650mm，保证后期车位划线的空间，其中地下一层、地下二层各存在一处不满足侧接形式的箱体，建议采用后接形式，消火栓背后采用隔墙包住，包住消火栓箱的美观。消火栓布置见图 8.6。

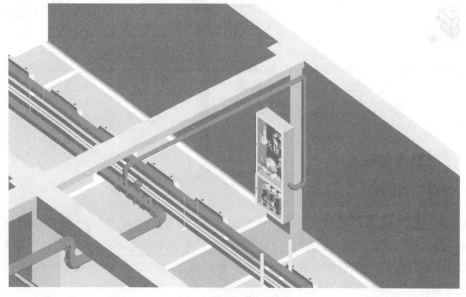

图 8.6　消火栓布置图

6. BIM 指导样板区先行

该项目划分地下一层西侧为机电样板区，通过样板先行的模式保证 BIM 实施的精确

性，通过样板区实施过程中发现的问题，对项目整体的施工工艺有所了解，同时为后续的
BIM 实施交底提供保障。样板区实施平面图见图 8.7，三维图见图 8.8。

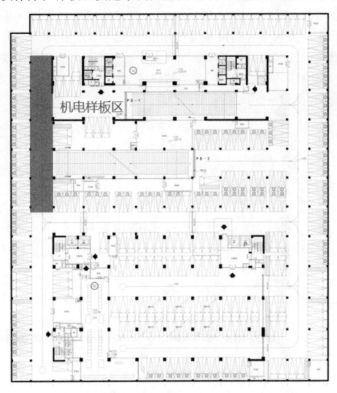

图 8.7　样板区实施平面图

图 8.8　样板区三维图

7. 地下室泵房优化

该项目地下二层布置消防泵房及生活水泵房。其中，消防泵房布置消防一备一用，喷

淋泵一备一用，共 4 台泵组，以及稳压机组两套；生活泵房采用无负压供水设备三套。两个泵房内的水泵及控制柜体需进行布置基础并下发总包施工。

根据厂家提供的设备图纸，通过 BIM 建立水泵基础模型，并复核基础高度是否满足现场实施要求，由于消防水泵和喷淋水泵吸水管高度需与现场预留一次结构套管高度一致，根据以预留套管位置以及水泵图纸中的吸水管接口高度调整基础高度；基础平面位置摆放应尽量保证检修空间，整体美观。泵房基础定位见图 8.9。

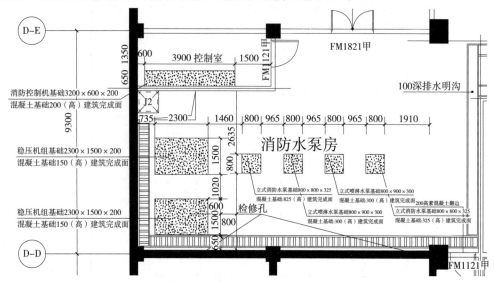

图 8.9　泵房基础定位图（单位：mm）

通过对地下一层行车道处管线进行调整后，提高了现场安装效率，节省 25% 的交底时间，避免了返工、误工现象的发生。在解决地下室临时通风时，利用 BIM 模型与业主沟通，将地下室排风系统提前使用，很好地将永久性设施与临时设施结合使用，合理解决了地下室的通风与排湿的问题，有效地节约了施工措施费用。应用 BIM 技术，可以将施工方案以最直接的方式呈现给业主，方便业主对方案进行评估，并能及时根据业主要求优化方案，再进行评审，大大缩短了业主、设计单位、施工单位三方的沟通周期，提高了对项目成本的把控，提升了业主决策效率。

在机房方案优化的过程中，以 BIM 三维模型为基础，不仅可以使平面图、立面图、剖面图出图的时间缩短了近两个月，而且在施工过程中很少出现返工情况，解决了该项目的各项难点，使机电施工做到了多层多系统同时有序施工，确保了施工的工期和质量，解决了技术问题，实现了对成本的有效控制。

第9章 BIM技术应用前景展望

BIM技术是一种信息整体相互影响相互制约的应用体系，工程造价和BIM技术的各种应用都会有关联，本章对相关的应用做一个探讨。

9.1 BIM技术与节能环保

9.1.1 BIM技术与绿色建筑

绿色建筑是指在建筑的全生命周期内，最大限度地节约资源，节能、节地、节水、节材、保护环境和减少污染，提供健康、高效、与自然和谐共生的建筑。

BIM最重要的意义在于它重新整合了建筑设计的流程，其所涉及的建筑生命周期管理，又恰好是绿色建筑设计的关注和影响对象。真实的BIM数据和丰富的构件信息给各种绿色分析软件以强大的数据支持，确保了结果的准确性。BIM的某些特性（如参数化、构件库等）使建筑设计及后续流程针对上述分析的结果，有非常及时和高效的反馈。绿色建筑设计是一个跨学科、跨阶段的综合性设计过程，而BIM模型刚好顺应需求，实现了单一数据平台上各个工种的协调设计和数据集中。BIM的实施，能将建筑各项物理信息分析从设计后期显著提前，有助于建筑师在方案设计阶段甚至概念设计阶段进行绿色建筑相关的决策。

另外，BIM技术提供了可视化的模型和精确的数字信息统计，将整个建筑的建造模型显示在人们面前，立体的三维感增加了人们的视觉效果和影像印象。绿色建筑则是根据现代的环保理念提出的，主要运用高科技设备利用自然资源，实现人与自然的和谐共处。基于BIM技术的绿色建筑设计应用主要通过数字化的建筑模型、全方位的协调处理以及环保理念的渗透三方面来进行，实现绿色建筑的环保和节约资源的原始目标，对于整个绿色建筑的设计有很大的辅助作用。

因此，结合BIM进行绿色设计已经是一个受到广泛关注和认可的系统性方案，也让绿色建筑事业进入了一个崭新的时代。

9.1.2 BIM技术与虚拟环境

虚拟现实，也称作虚拟环境或虚拟真实环境，是一种三维环境技术，集先进的计算机技术、传感与测量技术、仿真技术、微电子技术等于一体，借此产生逼真的视、听、触、力等三维感觉环境，形成一种虚拟世界。虚拟现实技术是人们运用计算机对复杂数据进行可视化操作，与传统的人机界面以及流行的视窗操作相比，虚拟现实在技术思想上有了质的飞跃。

BIM技术的理念是建立涵盖建筑工程全生命周斯的模型信息库，并实现各个阶段、不同专业之间基于模型的信息集成和共享。BIM 与虚拟现实技术集成应用，主要内容包括虚拟场景构建、施工进度模拟、复杂局部施工方案模拟、施工成本模拟、多维模型信息联合模拟以及交互式场景漫游，目的是应用 BIM 信息库，辅助虚拟现实技术更好地在建筑工程项目全生命周期中应用。

BIM 与虚拟现实技术集成应用，可提高模拟的真实性。传统的二维、三维表达方式，只能传递建筑物单一尺度的部分信息。使用虚拟现实技术可展示一栋活生生的虚拟建筑物，使人产生身临其境之感；可以将任意相关信息整合到已建立的虚拟场景中，进行多维模型信息联合模拟；可以实时、任意视角查看各种信息与模型的关系，指导设计、施工，辅助监理、监测人员开展相关工作。

BIM 与虚拟现实技术集成应用，可有效支持项目成本管控，通过模拟工程项目的建造过程，在实际施工前即可确定施工方案的可行性及合理性，减少或避免设计中存在的大多数错误；可以方便地分析出施工工序的合理性，生成对应的采购计划和财务分析费用列表，高效地优化施工方案；还可以提前发现设计和施工中的问题，对设计、预算、进度等属性及时更新，并保证获得数据信息的一致性和准确性。二者集成应用，在很大程度上可减少建筑施工行业中普遍存在的低效、浪费和返工现象，大大缩短项目计划和预算编制的时间，提高计划和预算的准确性。

BIM 与虚拟现实技术集成应用，可有效提升工程质量。在施工之前，将施工过程在计算机上进行三维仿真演示，可以提前发现并避免在实际施工中可能遇到的各种问题，如管线碰撞、构件安装等，以便指导施工和制订最佳施工方案，从整体上提高建筑施工效率，确保工程质量，消除安全隐患，并有助于降低施工成本与时间耗费。

BIM 与虚拟现实技术集成应用，可提高模拟工作中的可交互性。在虚拟的三维场景中，可以实时地切换不同的施工方案，在同一个观察点或同一个观察序列中感受不同的施工过程，有助于比较不同施工方案的优势与不足，以确定最佳施工方案；同时，还可以对某个特定的局部进行修改，并实时地与修改前的方案进行分析比较。此外，还可以直接观察整个施工过程的三维虚拟环境，快速查看到不合理或者错误之处，避免施工过程中的返工和浪费现象。

虚拟施工技术在建筑施工领域的应用将是一个必然趋势，在未来的设计、施工中的应用前景广阔，必将推动我国建筑施工行业迈入一个崭新的时代。

9.1.3 BIM 技术与数字化加工

数字化是将不同类型的信息转变为可以度量的数字，将这些数字保存在适当的模型中，再将模型引入计算机进行处理的过程。数字化加工则是在应用已经建立的数字模型基础上，利用生产设备完成对产品的加工。

BIM 与数字化加工集成，意味着将 BIM 模型中的数据转换成数字化加工所需的数字模型，制造设备可根据该模型进行数字化加工。目前，主要应用在预制混凝土板生产、管线预制加工和钢结构加工等领域。一方面，工厂精密机械自动完成建筑物构件的预制加工，不仅制造出的构件误差小，生产效率也可大幅提高；另一方面，建筑中的门窗、整体卫浴、预制混凝土结构和钢结构等许多构件，均可异地加工，再被运到施工现场进行装配，既可缩短建造工期，也容易掌控质量。

　　未来将以建筑产品三维模型为基础，进一步加入资料、构件制造、构件物流、构件装置以及工期、成本等信息，以可视化的方法完成 BIM 与数字化加工的融合。同时，更加广泛地发展和应用 BIM 技术与数字化技术的集成，进一步拓展信息网络技术、智能卡技术、家庭智能化技术、无线局域网技术、数据卫星通信技术、双向电视传输技术等与 BIM 技术的融合。

9.2　BIM 技术与数据交互

9.2.1　BIM 技术与构件库

　　当前，设计行业正在进行第二次技术变革，基于 BIM 理念的三维化设计已经被越来越多的设计院、施工企业和业主接受，BIM 技术是解决建筑行业全生命周期管理，提高设计效率和设计质量的有效手段。住房和城乡建设部在《2011—2015 年建筑业信息化发展纲要》中明确提出在"十二五"期间将大力推广 BIM 技术等在建筑工程中的应用。国内外的 BIM 实践也证明，BIM 能够有效解决行业上下游之间的数据共享与协作问题。

　　目前国内流行的建筑行业 BIM 类软件均以搭积木方式实现建模，以构件（如 Revit 称为"族"、PDMS 称为"元件"）为基础。含有 BIM 信息的构件不但可以为工业化制造、计算选型、快速建模、算量计价等提供支撑，也可以为后期运营维护提供必不可少的信息数据。信息化是工程建设行业发展的必然趋势，设备数据库如果能有效地与 BIM 设计软件、物联网等融合，无论是对工程建设行业运行效率的提高，还是对设备厂商的设备推广，都会起到很大的促进作用。

　　BIM 设计时代已经到来，工程建设工业化是大势所趋。构件是建立 BIM 模型和实现工业化建造的基础，BIM 设计效率的提高取决于 BIM 构件库的完备水平，对这一重要知识资产的规范化管理和使用，是提高设计院设计效率、保障交付成果的规范性与完整性的重要方法。因此，高效的构件库管理系统是企业 BIM 设计的必备利器。

9.2.2　BIM 技术与信息化

　　信息化是指培养、发展以计算机为主的智能化工具为代表的新生产力，并使之造福于社会的历史过程。智能化生产工具与过去生产力中的生产工具不一样的是，它不是一件孤立分散的工具，而是一个具有庞大规模的、自上而下的、有组织的信息网络体系。这种网络性生产工具正在改变人们的生产方式、工作方式、学习方式、交往方式、生活方式和思维方式等，使人类社会发生极其深刻的变化。

　　随着我国国民经济信息化进程的加快，建筑业信息化已经被提上了议事日程。住房和城乡建设部明确指出："建筑业信息化是指运用信息技术，特别是计算机技术和信息安全技术等，改造和提升建筑业技术手段和生产组织方式，提高建筑企业经营管理水平和核心竞争力，提高建筑业主管部门的管理、决策和服务水平。"建筑业的信息化是国民经济信息化的基础之一，而管理的信息化又是实现全行业信息化的重中之重。因此，利用信息化改造建筑工程管理，是建筑业健康发展的必由之路。但是，我国建筑工程管理信息化无论从思想认识上，还是在专业推广中都还不成熟，仅有部分企业不同程度地、孤立地使用信息技术的某一部分，且仍没有实现信息的共享、交流与互动。

利用 BJM 技术对建筑工程进行管理，由业主方搭建 BIM 平台，组织业主、监理、设计、施工等多个利益相关方，进行工程建造的集成管理和全生命周期管理。BIM 系统是一种全新的信息化管理系统，目前正越来越多地应用于建筑行业中。它要求参建各方在设计、施工、项目管理、项目运营等各个过程中将所有信息整合在统一的数据库中，通过数字信息仿真模拟建筑物所具有的真实信息，为建筑的全生命周期管理提供平台。在整个系统的运行过程中，要求业主方、设计方、监理方、总包方、分包方、供应方等多渠道和多方位的协调，并通过网上文件管理协同平台进行日常维护和管理。BIM 是新兴的建筑信息化技术，同时也是未来建筑技术发展的大趋势。

9.2.3　BIM 技术与云计算

云计算是一种基于互联网的计算方式，以这种方式共享的软件、硬件和信息资源可以按需提供给计算机和其他终端使用。

BIM 与云计算集成应用，是利用云计算的优势将 BIM 应用转化为 BIM 云服务，基于云计算强大的计算能力，可将 BIM 应用中计算量大且复杂的工作转移到云端，以提升计算效率；基于云计算的大规模数据存储能力，可将 BIM 模型及其相关的业务数据同步到云端，方便用户随时随地访问并与协作者共享；云计算使得 BIM 技术走出办公室，用户在施工现场可通过移动设备随时连接云服务，及时获取所需的 BIM 数据和服务等。

根据云的形态和规模，BIM 与云计算集成应用将经历初级、中级和高级发展阶段。初级阶段以项目协同平台为标志，主要厂商的 BIM 应用通过接入项目协同平台，初步形成文档协作级别的 BIM 应用；中级阶段以模型信息平台为标志，合作厂商基于共同的模型信息平台开发 BIM 应用，并组合形成构件协作级别的 BIM 应用；高级阶段以开放平台为标志，用户可根据差异化需要从 BIM 云服务平台上获取所需的 BIM 应用，并形成自定义的 BIM 应用。

9.2.4　BIM 技术与物联网

BIM 与物联网集成运用，实质上是建筑全过程信息的集成与融合。BIM 技术发挥上层信息集成、交互、展示和管理的作用，物联网技术则承担底层信息感知、采集、传递、监控的功能。二者集成应用可以实现建筑全过程"信息流闭环"，实现虚拟信息化管理与实体环境硬件的有机融合。目前 BIM 在设计施工阶段应用较多，并开始向策划和运营维护阶段应用延伸。物联网应用目前主要集中在施工和运营维护阶段，二者集成应用将会产生极大的价值。

在工程建设阶段，二者集成应用可提高施工现场安全管理能力，确定合理的施工进度，支持有效的成本控制，提高质量管理水平。例如，临边洞口防护不到位、部分作业人员高处作业不系安全带等安全隐患在施工现场无处不在，基于 BIM 的物联网应用可实时发现这些隐患并报警提示。高空作业人员的安全帽、安全带、身份识别牌上安装的无线射频识别，可在 BIM 系统中实现精确定位，如果作业行为不符合相关规定，身份识别牌与 BIM 系统中相关定位会同时报警，管理人员可精准定位隐患位置，并采取有效措施避免安全事故发生。在建筑运行维护阶段，二者集成应用可提高设备的日常维护维修工作效率，提升重要资产的监控水平，增强安全防护能力。

BIM 与物联网集成应用目前处于起步阶段，尚缺乏数据交换、存储、交付、分类和编码、应用等系统化、可实施操作的集成和实施标准，且面临着法律法规、建筑业现行商业模式、BIM 应用软件等诸多问题，但这些问题将会随着技术的发展及管理水平的不断提高得到解决。BIM 与物联网的深度融合与应用，势必将智能建造提升到智慧建造的新高度，开创智慧建筑新时代，是未来建设行业信息化发展的重要方向之一。未来建筑智能化系统，将会出现以物联网为核心，以功能分类、相互通信兼容为主要特点的建筑"智慧化"大控制系统。

9.3　BIM 技术与设备

9.3.1　BIM 技术与智能全站仪

施工测量是工程测量的重要内容，包括施工控制网的建立、建筑物的放样、施工期间的变形观测和竣工测量等内容。近年来，外观造型复杂的超大、超高建筑日益增多，测量放样主要使用全站型电子速测仪（简称"全站仪"）。随着新技术的应用，全站仪逐步向自动化、智能化方向发展。智能型全站仪在相关应用程序控制下，在无人干预的情况下，可自动完成多个目标的识别、照准与测量，且在无反射棱镜的情况下可对一般目标直接测距。

BIM 与智能型全站仪集成应用，是通过对软件、硬件进行整合，将 BIM 模型带入施工现场，利用模型中的三维空间坐标数据驱动智能型全站仪进行测量。二者集成应用，将现场测绘所得的实际建造信息与模型中的数据进行对比，核对现场施工环境与 BIM 模型之间的偏差，为机电、精装、幕墙等专业的深化设计提供依据。同时，基于智能型全站仪高效精确的放样定位功能，结合施工现场轴线网、控制点及标高控制线，可高效、快速地将设计成果在施工现场进行标定，实现精确的施工放样，并为施工人员提供更加准确直观的施工指导。此外，基于智能型全站仪精确的现场数据采集功能，在施工完成后还可对现场实物进行实测实量，通过对实测数据与设计数据进行对比，检查施工质量是否符合要求。

与传统放样方法相比，BIM 与智能型全站仪集成放样，精度可控制在 3mm 以内，而一般建筑施工要求的精度在 1~2cm，远超传统施工精度。传统放样最少要两人操作，BIM 与智能型全站仪集成放样，一人一天可完成几百个点的精确定位，效率是传统方法的 6~7 倍。

目前，已有企业在施工中将 BIM 与智能型全站仪集成应用进行测量放样，我国尚处于起步阶段，在深圳市城市轨道交通 9 号线、深圳平安金融中心和北京望京 SOHO 等少数项目应用。未来，二者集成应用将与云技术进一步结合，使移动终端与云端的数据实现双向同步；还将与项目质量管控进一步融合，使质量控制和模型修正无缝融入原有工作流程，进一步提升 BIM 的应用价值。

9.3.2　BIM 技术与 3D 扫描

3D 扫描是集光、机、电和计算机技术于一体的高新技术，主要用于对物体空间外形、结构及色彩进行扫描，以获得物体表面的空间坐标，具有测量速度快、精度高、使用方便等优点，且其测量结果可直接与多种软件接口。3D 激光扫描技术又被称为实景复制技术，采用高速激光扫描测量的方法，可大面积高分辨率地快速获取被测量对象表面的 3D 坐标数据，为快速建立物体的 3D 影像模型提供了一种全新的技术手段。

3D 激光扫描技术可有效、完整地记录工程现场复杂的情况，通过与设计模型进行对比，直观地反映现场真实的施工情况，为工程检验等工作带来了巨大帮助。同时，针对一些古建类建筑，3D 激光扫描技术可快速准确地形成电子化记录，形成数字化存档信息，方便后续的修缮、改造等工作。此外，对于现场难以修改的施工现状，可通过 3D 激光扫描技术得到现场真实信息，为其量身定做装饰构件等材料。

BIM 与 3D 扫描技术的集成，是将 BIM 模型与所对应的 3D 扫描模型进行对比、转化和协调，达到辅助工程质量检查、快速建模、减少返工的目的，可解决很多传统方法无法解决的问题，目前正被越来越多地应用在建筑施工领域，在施工质量检测、辅助实际工程量统计、钢结构预拼装等方面体现出较大价值。例如，将施工现场的 3D 激光扫描结果与 BIM 模型进行对比，可检查现场施工情况与模型、图纸的差别，协助发现现场施工中的问题，而在传统方式下需要工作人员拿着图纸、皮尺在现场检查，依靠人工和图纸进行比对，费时又费力。

例如，上海中心大厦项目引入大空间 3D 激光扫描技术，通过获取复杂的现场环境及空间目标的 3D 立体信息，快速重构目标的 3D 模型及线、面、体、空间等各种带有 3D 坐标的数据，再现客观事物真实的形态特性。同时，将依据点云建立的 3D 模型与原设计模型进行对比，检查现场施工情况，并通过采集现场真实的管线及龙骨数据建立模型，作为后期装饰等专业深化设计的基础。BIM 与 3D 扫描技术的集成应用，不仅提高了该项目的施工质量检查效率和准确性，也为后期装饰等专业深化设计提供了准确依据。

9.3.3　BIM 技术与 3D 打印

3D 打印技术是一种快速成型技术，是以三维数字模型文件为基础，通过逐层打印或粉末熔铸的方式来构造物体的技术，综合了数字建模技术、机电控制技术、信息技术、材料科学与化学等方面的前沿技术。

BIM 与 3D 打印的集成应用，主要是在设计阶段利用 3D 打印机将 BIM 模型微缩打印出来，供方案展示、审查和进行模拟分析；在建造阶段采用 3D 打印机直接将 BIM 模型打印成实体构件和整体建筑，部分替代传统施工工艺来建造建筑。BIM 与 3D 打印的集成应用，可谓两种革命性技术的结合，为建筑从设计方案到实物的过程开辟了一条"高速公路"，也为复杂构件的加工制作提供了更高效的方案。目前，BIM 与 3D 打印技术集成应用有三种模式：基于 BIM 的整体建筑 3D 打印、基于 BIM 和 3D 打印制作复杂构件，以及基于 BIM 和 3D 打印的施工方案实物模型展示。

（1）基于 BIM 的整体建筑 3D 打印。应用 BIM 进行建筑设计，将设计模型交付专用

3D 打印机，打印出整体建筑物。利用 3D 打印技术建造房屋，可有效降低人力成本，作业过程基本不产生扬尘和建筑垃圾，是一种绿色环保的工艺，在节能降耗和环境保护方面较传统工艺有非常明显的优势。

（2）基于 BIM 和 3D 打印制作复杂构件。传统工艺制作复杂构件，受人为因素影响较大，精度和美观度不可避免地会产生偏差。而 3D 打印机由计算机操控，只要有数据支撑，便可将任何复杂的异型构件快速、精确地制造出来。BIM 与 3D 打印技术集成进行复杂构件制作，不再需要复杂的工艺、措施和模具，只需将构件的 BIM 模型发送到 3D 打印机，短时间内即可将复杂构件打印出来，缩短了加工周期，降低了成本，且精度非常高，可以保障复杂异形构件几何尺寸的准确性和实体质量。

（3）基于 BIM 和 3D 打印的施工方案实物模型展示。用 3D 打印制作的施工方案微缩模型，可以辅助施工人员更为直观地理解方案内容，携带、展示不需要依赖计算机或其他硬件设备，还可以 360°全视角观察，克服了打印 3D 图片和三维视频角度单一的缺点。

随着各项技术的发展，现阶段 BIM 与 3D 打印技术集成存在的许多技术问题将会得到解决，3D 打印机价格和打印材料价格也会趋于合理，应用成本下降也会扩大 3D 打印技术的应用范围，提高施工行业的自动化水平。虽然在普通民用建筑大批量生产的效率和经济性方面，3D 打印建筑较工业化预制生产没有优势，但在个性化、小数量的建筑上，3D 打印的优势非常明显。随着个性化定制建筑市场的兴起，3D 打印建筑在这一领域的市场前景非常广阔。

9.4　BIM 技术与 GIS

地理信息系统（GIS）是用于管理地理空间分布数据的计算机信息系统，以直观的地理图形方式获取、存储、管理、计算、分析和显示与地球表面位置相关的各种数据。BIM 与 GIS 集成应用，是通过数据集成、系统集成或应用集成来实现的，可在 BIM 应用中集成 GIS，也可以在 GIS 应用中集成 BIM，或是 BIM 与 GIS 深度集成，以发挥各自优势，拓展应用领域。目前，二者集成在城市规划、城市交通分析、城市微环境分析、市政管网管理、住宅小区规划、数字防灾、既有建筑改造等诸多领域有所应用，与各自单独应用相比，在建模质量、分析精度、决策效率、成本控制水平等方面都有明显提高。

BIM 与 GIS 集成应用，可提高长线工程和大规模区域性工程的管理能力。BIM 的应用对象往往是单个建筑物，利用 GIS 宏观尺度上的功能，可将 BIM 的应用范围扩展公路、铁路、隧道、水电、港口等工程领域。

BIM 与 GIS 集成应用，可增强大规模公共设施的管理能力。现阶段，BIM 应用主要集中在设计、施工阶段，而二者集成应用可解决大型公共建筑、市政及基础设施的 BIM 运营维护管理，将 BIM 应用延伸至运营维护阶段。

BIM 与 GIS 集成应用，还可以拓展和优化各自的应用功能。导航是 GIS 应用的一个重要功能，但仅限于室外。二者集成应用，不仅可以将 GIS 的导航功能拓展到室内，还可以优化 GIS 已有的功能。例如，利用 BIM 模型对室内信息的精细描述，可以保证在发生火灾时室内逃生路径是最合理的，而不再只是路径最短。

随着互联网的高速发展，基于互联网和移动通信技术的 BIM 与 GIS 集成应用，将改变二者的应用模式，向着网络服务的方向发展。当前 BIM 和 GIS 不约而同地开始融合云计算这项新技术，分别出现了"云 BIM"和"云 GIS"的概念，云计算的引入将使 BIM 和 GIS 的数据存储方式发生改变，数据量级也将得到提升，其应用也会得到跨越式发展。

9.5　BIM 技术与 EPC

EPC（Engineering Procurement Construction）工程总承包是指工程总承包企业按照合同约定，承担工程项目的设计、采购、施工、试运行服务等工作，并对承包工程的质量、安全、工期、造价等全面负责，它以实现"项目功能"为最终目标，是我国目前推行总承包模式中最主要的一种。较传统设计和施工分离承包模式，业主方能够摆脱工程建设过程中的杂乱事务，避免人员与资金的浪费；总承包商能够有效减少工程变更、争议、纠纷和索赔的耗费，使资金、技术、管理各个环节衔接更加紧密；同时，更有利于提高分包商的专业化程度，从而体现 EPC 工程总承包方式的经济效益和社会效益。因此，EPC 总承包越来越被发包人、投资者欢迎，也被政府有关部门所看重并大力推行。

近年来，随着国际工程承包市场的发展，EPC 总承包模式得到越来越广泛的应用。对技术含量高、各部分联系密切的项目，业主往往更希望由一家承包商完成项目的设计、采购、施工和试运行。大型工程项目多采用 EPC 总承包模式，给业主和承包商带来了可观的便利和效益，同时也给项目管理程序和手段，尤其是项目信息的集成化管理提出了新的、更高的要求，因为工程项目建设的成功与否在很大程度上取决于项目实施过程中参与各方之间信息交流的透明性和时效性是否能得到满足。工程管理领域的许多问题（如成本的增加、工期的延误等）都与项目组织中的信息交流问题有关。传统工程管理组织中信息内容的缺失、扭曲以及传递过程的延误和信息获得成本过高等问题严重阻碍了项目参与各方的信息交流和沟通，也给基于 BIM 的工程项目管理提供了广阔的空间。把 EPC 项目生命周期所产生的大量图纸、报表数据融入以时间、费用为维度进展的 4D、5D 模型中，利用虚拟现实技术辅助工程设计、采购、施工、试运行等诸多环节，整合业主、EPC 总承包商、分包商、供应商等各方的信息，增强项目信息的共享和互动，不仅是必要的，而且是可能的。

与发达国家相比，中国建筑业的信息化水平还有较大的差距。根据中国建筑业信息化存在的问题，结合今后的发展目标及重点，住房和城乡建设部印发的《2016—2020 年建筑业信息化发展纲要》明确提出，中国建筑业信息化的总体目标为："'十三五'时期，全面提高建筑业信息化水平，着力增强 BIM、大数据、智能化、移动通信、云计算、物联网等信息技术集成应用能力，建筑业数字化、网络化、智能化取得突破性进展，初步建成一体化行业监管和服务平台，数据资源利用水平和信息服务能力明显提升，形成一批具有较强信息技术创新能力和信息化应用达到国际先进水平的建筑企业及具有关键自主知识产权的建筑业信息技术企业。"相比于"十二五"期间提出的建筑业信息化发展纲要，对 BIM 及建筑信息化的发展提出了更高的要求，这也说明我国建筑业的信息化水平在逐步提高中，与世界发达国家之间的差距正在逐渐缩小。

参 考 文 献

[1] 中华人民共和国住房和城乡建设部 . 建筑信息模型施工应用标准：GB/T 51235—2017 ［S］. 北京：中国建筑工业出版社，2017.

[2] 中华人民共和国住房和城乡建设部 . 建筑信息模型应用统一标准：GB/T 51212—2016 ［S］. 北京：中国建筑工业出版社，2017.

[3] 中华人民共和国住房和城乡建设部 . 建筑信息模型分类和编码标准：GB/T 51269—2017 ［S］. 北京：中国建筑工业出版社，2017.

[4] 中华人民共和国住房和城乡建设部 . 建筑信息模型设计交付标准：GB/T 51301—2018 ［S］. 北京：中国建筑工业出版社，2018.

[5] 中国建设工程造价管理协会 . 建设项目设计概算编审规程：CECA/GC 2—2015 ［S］. 北京：中国计划出版社，2007.

[6] 中国建设工程造价管理协会 . 建设项目投资估算编审规程：CECA/GC 1—2015 ［S］. 北京：中国计划出版社，2007.

[7] 中国建设工程造价管理协会 . 建设项目工程结算编审规程：CECA/GC 3—2019 ［S］. 北京：中国计划出版社，2007.

[8] 中国建设工程造价管理协会 . 建设项目全过程造价咨询规程：CECA/GC 4—2019 ［S］. 北京：中国计划出版社，2009.

[9] 尹贻林，严玲 . 工程造价概论 ［M］. 北京：人民交通出版社，2009.

[10] 中华人民共和国住房和城乡建设部 . 建设工程工程量清单计价规范：GB 50500—2013 ［S］. 北京：中国计划出版社，2013.

[11] 国家发展改革委，建设部 . 建设项目经济评价方法与参数：3 版 ［M］. 北京：中国计划出版社，2006.

[12] 李建成，王广斌 . BIM 应用导论 ［M］. 上海：同济大学出版社，2015.

[13] 何关培 . BIM 总论 ［M］. 北京：中国建筑工业出版社，2011.

[14] 王凌云 . 国内外 BIM 标准发展及 BIM 标准体系构建研究 ［J］. 居舍，2019（2）.

[15] 李云贵 . 国内外 BIM 标准与技术政策 ［J］. 中国建设信息，2012（20）.

[16] 郑江，杨晓莉 . BIM 在土木工程中的应用 ［M］. 北京：北京理工大学出版社，2017.

[17] 沈坚 . BIM 技术在钢结构施工及风险管理中的应用研究 ［J］. 建筑技术，2016（8）.

[18] 沈坚，王剑英 . 水利工程项目全过程造价控制的途径研究 ［J］. 浙江水利水电学院学报，2009（4）.